Helmut Dickmann

Kamine drinnen und draußen

3., überarbeitete Auflage

Vieweg

3., überarbeitete Auflage

Softcover reprint of the hardcover 3rd edition 1970

Gütersloh 1972 · 2

ISBN 978-3-528-08458-5 ISBN 978-3-322-87820-5 (eBook)
DOI 10.1007/978-3-322-87820-5

Inhalt

Der Kamin – eine kombinierte Heizungs- und Lüftungsanlage

Wie der Kamin funktioniert

Der offene Kamin ist die älteste und zugleich schlechteste Form einer Heizung. Bei tieferen Außentemperaturen versammelte sich die Familie um den Kamin, wurde von vorne geröstet, bekam aber von der Luftströmung zum offenen Feuer zusehends einen kalten Nacken und fror, wenn sie sich von der wärmenden Feuerstelle entfernte. So war es, weil man es nicht besser wußte, so ist es leider heute noch, wenn die physikalischen Gesetzmäßigkeiten nicht beachtet werden.

Damit ist aber auch gleich die ganze Problematik des Kamins deutlich gemacht. Für das offene Feuer ist mit vergrößerter Strahlungsöffnung eine extrem hohe Luftzufuhr erforderlich, die, wenn sonst keine Vorkehrungen getroffen sind, aus der Raumluft erfolgt. Die Raumluft wiederum holt sich infolge des entstehenden Unterdrucks Nachschub durch sämtliche Fenster- und Türritzen. Aber das klappt nicht immer. Besonders dann nicht, wenn – und das wünschen wir ja schließlich alle – Fenster und Türen gut dicht sind. Schon oft hat man dann den Hausherrn zum Fenster eilen sehen, um es zu öffnen und die Gäste vom beißenden Rauch zu befreien. Und siehe da, das Kaminfeuer funktionierte wieder. Aber wer verträgt schon eine direkte Zugluft vom offenen Fenster, wenn man gleichzeitig die Strahlungswärme des Kaminfeuers genießen will.

Das Temperaturgefälle zwischen einer warmen und einer kalten Zone innerhalb eines Raums wird von den meisten Menschen nicht als angenehm empfunden. Zu sehr haben wir uns an die Wärme gewöhnt, die den Raum gleichmäßig erfüllt. Wir haben in einem dauerbeheizten Raum keine kalten Füße mehr, die wir uns am offenen Kamin anwärmen müssen. Der Kamin gilt nicht mehr als Heizungsanlage.

Ein Feuer im offenen Kamin anzuzünden, bedeutet vielmehr für uns, die wir es gewöhnt sind, die Raumtemperatur lediglich mit dem Thermostaten zu regulieren, keine Alltagsarbeit. Der Kamin wird in der Regel nur noch aus besonderen Anlässen in Betrieb genommen, bei Partys, bei häuslichen Festen, zum gemütlichen Zusammensein, zur Plauderstunde im Freundeskreis.

Die früher wichtigste Aufgabe des Kaminfeuers ist jetzt fortgefallen: Die Raumluft ist vor dem Anfachen des Kaminfeuers bereits angenehm temperiert, der Kamin als Heizung also nicht mehr erforderlich. Dennoch sollte der offene Kamin wie eine Heizung funktionieren, damit er eine angenehme Wärme ausstrahlt und nicht nur die Raumluft durch den Schornstein jagt. Die gemütliche Wärme wäre sonst schnell dahin, und trotz Heizung würde es – wegen des verstärkten Luftwechsels – im Zimmer ständig kühler werden.

Wann der Kamin nicht funktioniert

Fehler, die zu verminderter Leistung oder mangelhaftem Funktionieren des offenen Kamins führen können, sind:

1. Der Feuerraum ist zu groß.
2. Es wird ungeeigneter Brennstoff verwendet.
3. Der Schornsteinquerschnitt ist falsch bemessen.
4. Die Rauchgase kühlen mangels ausreichender Isolierung des Schornsteins zu schnell ab.
5. Der Schornsteinzug wird durch Windeinfluß beeinträchtigt.
6. Der Standort des Kamins ist falsch gewählt.
7. Die Frischluftzufuhr reicht nicht aus.
8. Die Frischluft ist unzureichend vorgewärmt.
9. Es wurde ungeeignetes Baumaterial verarbeitet.
10. Der Kamin wird falsch bedient.

Treffen mehrere oder gar alle dieser Fehlerquellen bei einem Kamin zusammen, dann werden wir wohl kaum Freude am flackernden Kaminfeuer haben. Wenn uns und unseren Gästen der Rauch in die Augen beißt, werden wir fluchtartig die Nähe des Feuers und schließlich auch den Raum verlassen.

Wozu das Buch nützen soll

Ein Kamin darf nicht zur Dekoration degradiert werden. Daher ist der Textteil des Buches vorwiegend der Technik des Kaminbaus gewidmet. Funktion und Wirkungsweise sind auch für den Laien leicht faßlich dargestellt und durch viele Skizzen erläutert. Das Buch will verhindern helfen, daß vom Bauherrn immer wieder der Wunsch nach einem überdimensionierten Kamin an den Architekten herangetragen wird. Dem Architekten liefert das Buch handfeste Argumente, um seinen Einfluß auf den Bauherrn besser geltend machen zu können. Der Bildteil vermittelt ihm darüber hinaus Anregungen für die Gestaltung von Kaminverkleidungen in einer Vielzahl von Formen und Materialien.

Das Angebot an vorgefertigten Kamineinsätzen hat seit Erscheinen der 1. Auflage ständig zugenommen. Es kann nicht Aufgabe dieses Buches sein, jeweils eine vollständige Übersicht über alle auf dem Markt befindlichen Kamineinsätze zu geben. Die aufgeführten Typen stellen lediglich einen Auszug aus dem derzeitigen Angebot dar.

Der Dank des Autors gilt allen Firmen, die ihn mit fachmännischem Rat und mit ihren Konstruktionsunterlagen unterstützten, ebenso den Architekten und Fotografen für die Überlassung des Bildmaterials.

Begriffe

Um Mißverständnissen bei der Beschreibung der einzelnen Teile eines Kamins vorzubeugen, sollen zunächst die im Buch verwandten Begriffe erklärt und – wenn nötig – im Hinblick auf Funktion und Beschaffenheit der Teile näher erläutert werden.

Kamin – Schornstein

Was dem einen sein Schornstein, ist dem andern sein Kamin. Für ein und denselben Gegenstand sind im deutschen Sprachraum zwei Begriffe üblich. Der Kamin, von dem hier die Rede ist, wird daher zur besseren Kennzeichnung oft mit dem Zusatz »offen« versehen. In der Schweiz sagt man zum offenen Kamin Cheminée. Um nun in diesem Buch nicht ständig mit drei oder vier verschiedenen Begriffen operieren zu müssen, wird die Feuerstelle einheitlich als »Kamin« oder »offener Kamin«, der darüberliegende Teil als »Schornstein« bezeichnet.
Für jeden Kamin ist ein gesonderter Schornstein mit richtig bemessenem Querschnitt erforderlich. An einen Schornstein darf grundsätzlich nur ein Kamin angeschlossen werden.

Wirksame Schornsteinhöhe

Als wirksame Schornsteinhöhe, kurz auch nur Schornsteinhöhe genannt, wird einheitlich der Abstand zwischen Unterkante Rauchsims und Rauchgasaustritt bezeichnet.

Feuerboden

Unter Feuerboden wird die Unterlage für die Feuerstelle verstanden. Der Feuerboden soll aus hitzebeständigem und wärmespeicherndem Material bestehen.

Strahlungsfläche

Die Strahlungsfläche (Strahlungsöffnung) ist die lichte Öffnung der Feuerstelle zum Raum. Sie kann quadratisch, rechteckig (wobei das Maßverhältnis nicht mehr als 1 : 3 betragen sollte) oder auch als Halbkreis ausgebildet sein. Die Strahlungsfläche wird in cm^2 angegeben.
Als Kamine mit einseitiger Strahlungsfläche bezeichnet man solche mit drei geschlossenen Seiten (1). Kamine mit einseitiger Strahlungsfläche sind am wirkungsvollsten. Sie haben eine große Wärmestrahlung bei geringem Platz- und Frischluftbedarf sowie hohe und damit günstige Rauchgastemperaturen.

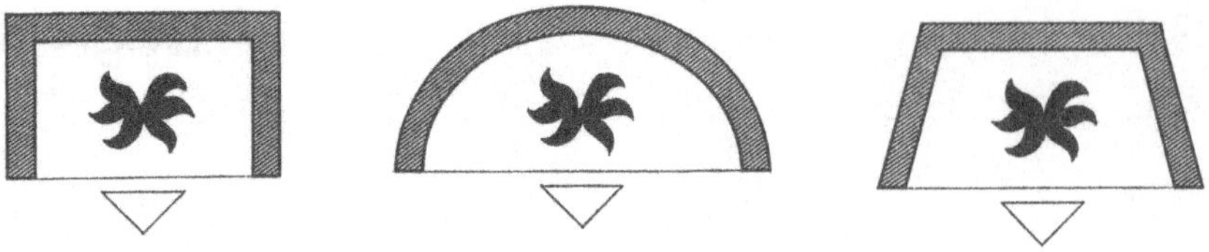

1 Kamine mit einseitiger Strahlungsfläche haben eine günstige Wärmeabstrahlung. Sie funktionieren am besten, da bei ihrem Betrieb die Rauchgastemperaturen am höchsten sind.

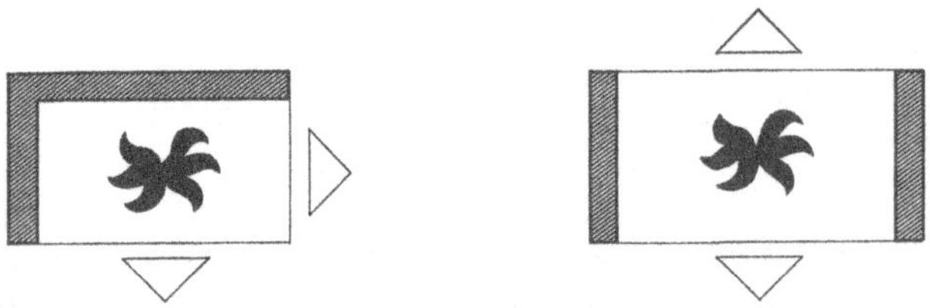

2 Kamine mit zweiseitiger Strahlungsfläche haben eine verminderte Wärmeabstrahlung. Der Frischluftbedarf steigt, die Rauchgastemperaturen sinken.

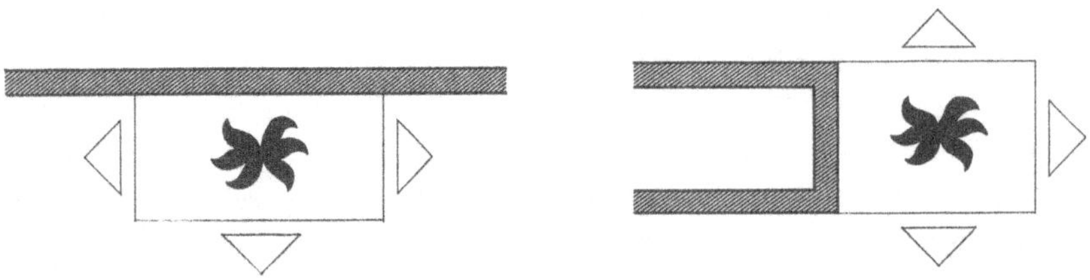

3 Kamine mit dreiseitiger Strahlungsfläche arbeiten mit geringer Wärmeabstrahlung, haben einen hohen Frischluftbedarf und niedrige Rauchgastemperaturen.

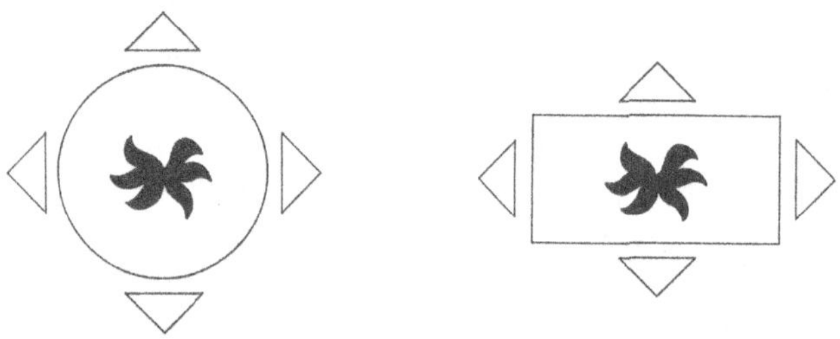

4 Kamine mit offener Strahlungsfläche bieten die geringste Wärmeabstrahlung von allen Kamintypen. Ihr Frischluftbedarf ist am höchsten, die Rauchgastemperaturen sind am niedrigsten. Rauchbelästigungen durch Luftzug treten häufig auf.

Eine zweiseitige Strahlungsfläche hat ein Kamin, der nach zwei Seiten offen ist (2). Die Vergrößerung der Strahlungsfläche hat zur Folge, daß auch eine größere Luftmenge angesaugt und abgeführt wird. Der Kamin arbeitet mit wesentlich geringeren Rauchgastemperaturen, da die Feuerstelle nicht so dicht umschlossen werden kann wie bei einem Kamin mit einseitiger Strahlungsfläche. Beim Berechnen der Strahlungsfläche werden die Flächeninhalte beider Öffnungen addiert.
Von einer dreiseitigen Strahlungsfläche wird gesprochen, wenn ein Kamin drei offene Seiten hat (3). Dieser Kamin hat einen noch höheren Luftbedarf als der mit zweiseitiger Strahlungsfläche und arbeitet mit noch geringeren Rauchgastemperaturen. Beim Berechnen der Strahlungsfläche werden alle drei Flächeninhalte der Öffnungen addiert.
Von einer offenen Strahlungsfläche spricht man dann, wenn das Kaminfeuer lediglich über einen Rauchgasabzug verfügt und daher allseitig offen ist (4). Bei einer offenen Strahlungsfläche ist die Wirkung des Kaminfeuers am geringsten, der Luftbedarf am größten, und die Rauchgastemperaturen sind am niedrigsten. Beim Berechnen der Strahlungsfläche ist die gesamte offene Feuerfläche zu berücksichtigen.

5 Übersicht über die in diesem Buch verwandten Begriffe. Nicht erwähnt ist der beim Kaminbau öfters anzutreffende Umlenkboden, der funktionell keine Aufgaben zu erfüllen hat. ▶

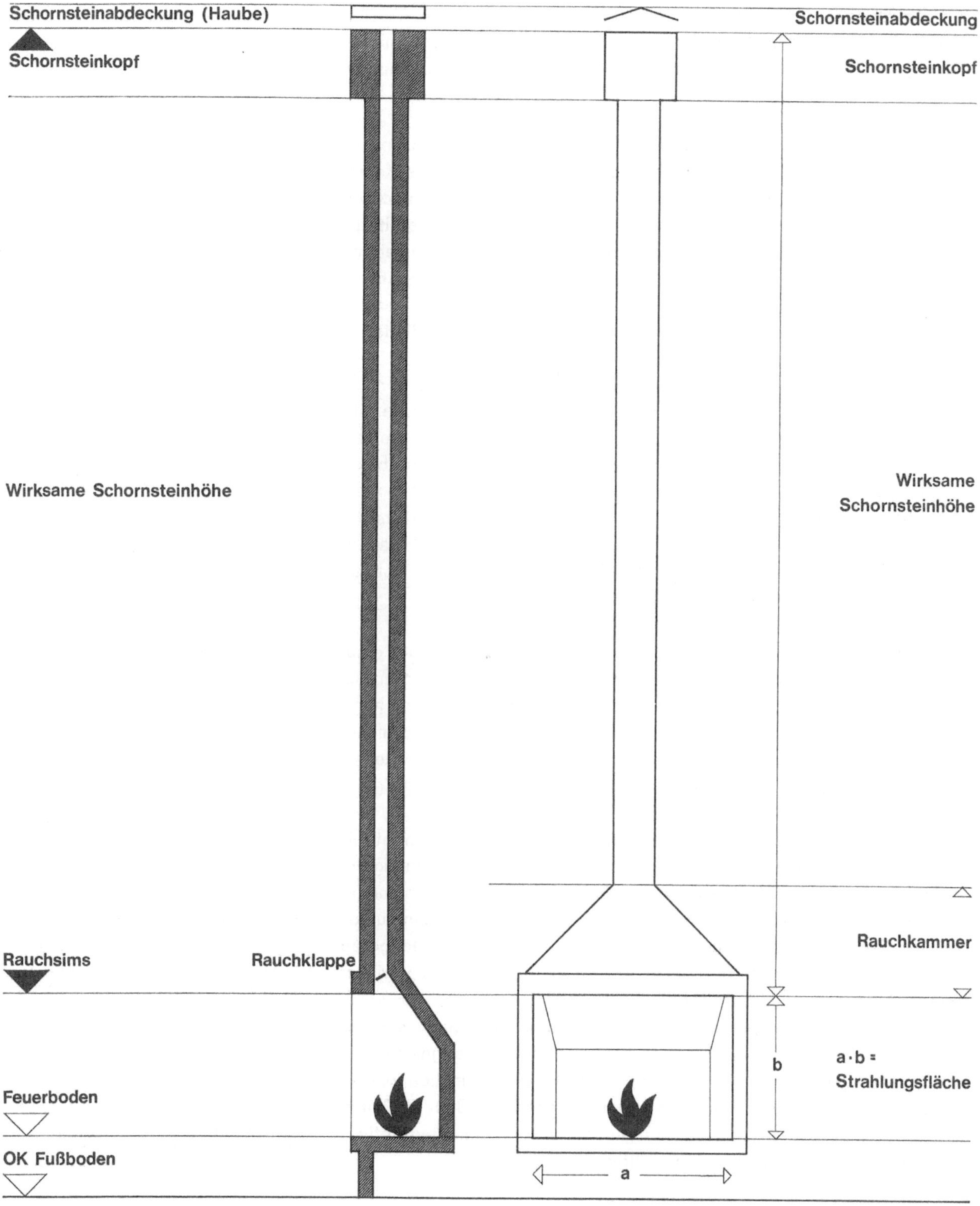
Schornsteinabdeckung (Haube)
Schornsteinkopf
Wirksame Schornsteinhöhe
Rauchsims
Rauchklappe
Feuerboden
OK Fußboden
Schornsteinabdeckung
Schornsteinkopf
Wirksame Schornsteinhöhe
Rauchkammer
b
a·b =
Strahlungsfläche
a

Rauchsims/Rauchsturz

Als Rauchsims oder Rauchsturz bezeichnet man den oberen Abschluß der Feueröffnung. Manchmal wird auch der bei bestimmten Kaminausführungen eingebaute sogenannte Umlenkboden als Rauchsims bezeichnet.

Rauchkammer

Die Rauchkammer ist der Teil des Kamins, der zwischen Rauchsims und Schornstein liegt und den Querschnitt der Abzugsöffnung des Kamins auf die Querschnittsfläche des Schornsteins reduziert. Am Rauchsims sollte die Rauchkammer durch entsprechende Formgebung bereits die Tiefe der Schornsteinöffnung haben. In der anderen Dimension verjüngt sich die Rauchkammer von der Breite der Strahlungsfläche auf die Breite der Schornsteinöffnung. Die Rauchkammer wird als »gezogen« bezeichnet, wenn sich der Schornstein hinter oder neben dem Kamin befindet.

Schornsteinkopf

Als Schornsteinkopf wird der Teil des Schornsteins bezeichnet, der über die Dachfläche hinausragt. Die Höhe des Schornsteinkopfs richtet sich nach der Lage zum Dachfirst und nach der Hauptwindrichtung. Die Mindesthöhe über Dachfirst oder unmittelbar angrenzende Nachbargebäude beträgt 50 cm. Endet ein Schornstein unterhalb des Dachfirstes, so muß seine Mündung wenigstens 1,20 m winkelrecht von der Dachfläche liegen (6). Schornsteinköpfe, die über 1,50 m hoch sind, müssen verankert werden. Der Schornsteinkopf am Dachfirst ist immer die günstigste Lösung.

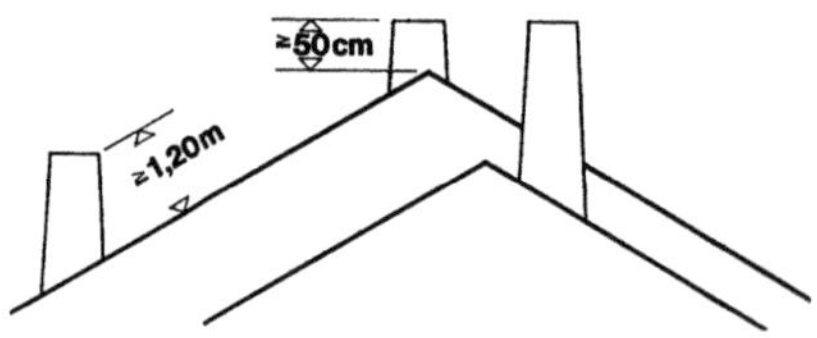

6 Geltende Vorschriften und Regeln für Schornsteinköpfe in der Dachfläche.

Schornsteinabdeckung

Da offene Kamine nur zeitweilig in Betrieb sind und zudem über einen relativ großen Querschnitt verfügen, ist eine Schornsteinabdeckung zu empfehlen. Man verwendet dazu eine Meidinger Scheibe oder eine handwerkliche Metallabdeckung. Die Abdeckung kann aber auch zusammen mit dem Schornsteinkopf aus Mauerwerk ausgebildet sein (7). Die Abdeckung selbst besteht aus Beton, ist witterungs- und hitzebeständig.

Rauchklappe

Die Rauchklappe wird in die Rauchkammer eingebaut. Vor Inbetriebnahme des Kamins ist die Rauchklappe zu öffnen, nach Beendigung des Kaminfeuers wird die Rauchklappe geschlossen, um Zugerscheinungen und das Eindringen von kalter Außenluft durch den Schornstein zu verhindern. Die Rauchklappe kann zur Drosselung des Feuers bei längerem Betrieb oder bei Dauerbetrieb verwendet werden, um Brennmaterial zu sparen.
Anstelle der Rauchklappe kann die Feueröffnung auch durch eine Jalousie (17) oder durch eine Tür (19) bzw. eine Klappe abgeschlossen werden. Tür und Jalousie übernehmen dann dieselbe Funktion wie die Rauchklappe, bieten aber den Vorteil, daß man das Schließen der Rauchklappe nicht vergessen kann. Außerdem ist es vor dem Wiederöffnen nicht möglich, ein Feuer im Kamin anzufachen.

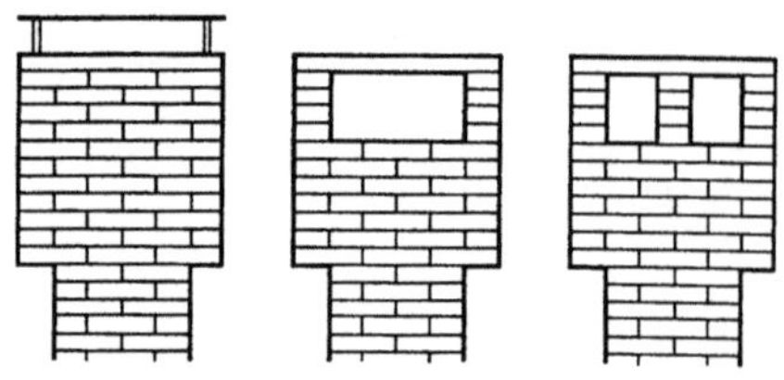

7 Eine Abdeckung der Schornsteinöffnung mit einer Metallplatte (links) oder durch eine Betonplatte (Mitte und rechts) ist immer zu empfehlen.

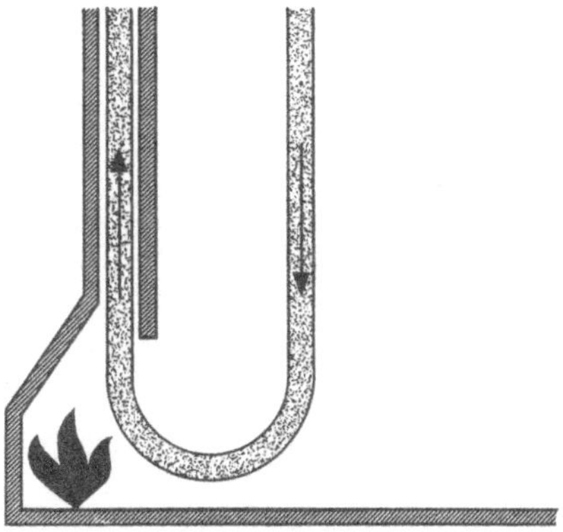

8 Die Wirkungsweise der Feuerstelle gleicht physikalisch der einer kommunizierenden Röhre. Im Schornstein ist ein Unterdruck erforderlich, der durch die heißen und daher leichteren Rauchgase erzeugt wird.

Die Wirkungsweise einer Feuerstelle stellt man sich am besten als physikalischen Vorgang ähnlich dem bei kommunizierenden Röhren vor (8). Im Schornstein wird durch die heißen und daher leichteren Rauchgase ein Unterdruck erzeugt, der um so größer wird, je höher der Temperaturunterschied zwischen Rauchgasen und Außenluft ist. Sind Außenluft und Rauchgase spezifisch gleich schwer, findet keine Bewegung statt. Überdruck im Schornstein kann dadurch entstehen, daß bei gleicher Temperatur von Außenluft und Rauchgasen die Rauchgase etwa bis zu 10% schwerer sind als die Luft. Im Schornstein würde eine umgekehrte Strömung eintreten, die Rauchgase würden demzufolge in den Raum einfallen. Dies kann in der warmen Jahreszeit durchaus der Fall sein. Überdruck im Schornstein kann auch durch zu starke Abkühlung der Rauchgase oder ungenügende Luftzufuhr zur Feuerstelle entstehen.

Bei einem offenen Kamin müssen wir also, um ein richtiges Funktionieren zu gewährleisten, auf einen beständigen Unterdruck im Schornstein achten. Größe der Feuerstelle, Temperatur der Abgase, Schornsteinquerschnitt und -höhe sowie Frischluftzufuhr müssen daher immer im Zusammenhang gesehen und aufeinander abgestimmt werden.

Größe der Feuerstelle

Die Größe der Feuerstelle soll so bemessen sein, daß das Feuer die Wandungen des Feuerraums stark erwärmt, so daß eine möglichst hohe Strahlungswärme um das Feuer herum erzeugt wird und die Rauchgase eine möglichst hohe Anfangstemperatur erreichen. Bei schrägen Seitenwänden wird der Feuerraum bei gleicher Strahlungsöffnung wesentlich verkleinert und die Strahlungswirkung gleichzeitig erhöht (9).

Eine geneigte Rückwand wird durch das züngelnde Feuer und die aufsteigenden Rauchgase bestrichen und dadurch wesentlich schneller und besser erwärmt als eine gerade und trägt zu höheren Rauchgastemperaturen bei. Infolge der wärmeren Rückwand ist auch die Wärmeabstrahlung intensiver. Die Feuerstelle ist also möglichst klein zu halten, um bei normalem Brennstoffverbrauch einen hohen Effekt zu erzielen.

In der Regel geht man davon aus, die Strahlungsfläche eines offenen Kamins so zu bemessen, daß in der Übergangszeit eine Beheizung des Raums durch den Kamin möglich ist.

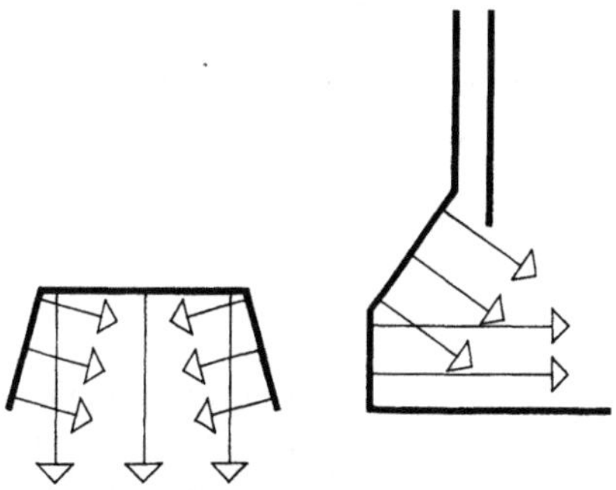

9 Die Strahlungswärme wird von den Seitenwänden und von der Rückwand der Feuerstelle beeinflußt. Schräge Seitenwände sind besser als gerade.

Raumgröße in m³ × 30 = Strahlungsfläche in cm²

Faustregel

Beispiel: Wollen wir einen Raum von 100 m^3 (entsprechend 40 m^2 bei 2,50 m Raumhöhe) in der Übergangszeit durch einen offenen Kamin beheizen, so wäre eine Strahlungsöffnung von 3 000 cm^2 erforderlich. Diese 3 000 cm^2 entsprechen einer Kaminöffnung von 50 × 60 cm. Eine Vergrößerung der Strahlungsfläche um 10 cm in Höhe und Breite auf 60 × 70 cm, wie man es sich so gerne wünscht, würde bedeuten, daß der Kamin zwar eine größere Heizleistung hätte, aber nur dann, wenn man gleichzeitig das Brennmaterial beim Heizen verdreifacht. Die Hauptstrahlungswärme geht nämlich von den Seitenwänden aus (9), weil diese am wirkungsvollsten in den Raum strahlen. Das Feuer sollte daher möglichst die ganze Bodenfläche bedecken.
Außerdem würde sich der Frischluftbedarf um 40 % steigern. Bei gleicher Raumgröße (100 m^3) findet bei einem Kamin mit 3 000 cm^2 Strahlungsfläche ein dreifacher Luftwechsel pro Stunde statt, bei einem Kamin mit 4 200 cm^2 Strahlungsfläche ein 4,2facher Luftwechsel in der Stunde. Dieser starke Luftwechsel würde sich unangenehm bemerkbar machen.
Bei bis zu dreifachem Luftwechsel in der Stunde wird man erfahrungsgemäß keine Vorkehrungen für eine Frischluftzufuhr treffen müssen. Bei vier- bis fünffachem Luftwechsel hingegen sollten Maßnahmen zur ausreichenden Frischluftzufuhr unbedingt vorgesehen werden.

Beschaffenheit der Feuerstelle

Die Baustoffe für die Feuerstelle sollen hitzebeständig sein und eine gute Wärmespeicherfähigkeit haben. In der Regel wird daher für die Feuerstelle Schamotte verwendet, seltener Klinker, Beton oder Gußstahl. Die Verbrennungsluft wird der Feuerstelle entweder durch einen zum besseren Aufschichten des Holzes entsprechend geformten Boden (10) oder durch lose verlegte und mit Luftzuführungskanälen versehenen Bodenplatten zugeführt. Eine weitere Möglichkeit ist ein Feuerrost aus Metall, der mit einem Aschenkasten kombiniert sein kann. Hierdurch soll dem Feuer der erforderliche Sauerstoff zugeführt und eine vollkommene Verbrennung des Heizmaterials gewährleistet werden.

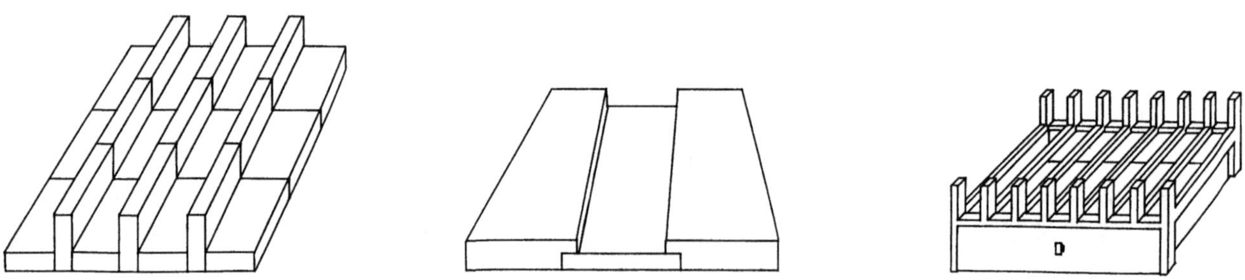

10 Der Feuerboden kann verschieden ausgeführt sein. Von links: Feuerboden aus Klinkern, Feuerböcke aus Schamotte, Feuerrost mit Aschenlade.

Temperatur der Rauchgase

Eine hohe Temperatur der Rauchgase ist für den guten Zug des Schornsteins von ausschlaggebender Bedeutung. Größe und Beschaffenheit der Feuerstelle bestimmen, wie gesagt, die Anfangstemperatur der Rauchgase. Um die Rauchgase vor zu starker Abkühlung zu schützen, sollen die Wandungen des Schornsteins möglichst glatt sein. Bei glatten Schornsteinwänden ist der Strömungswiderstand gering. Quadratische Querschnitte sind besser als rechteckige. Eine gute Isolierung des Schornsteins schützt ebenfalls vor Abkühlung der Rauchgase und vor Versottung des Schornsteins.

Die Taupunktlinie für Holzfeuerung, dem bevorzugten Brennmaterial für Kamine, liegt bei etwa 50 bis 60° C. Sinkt die Rauchgastemperatur unter den Taupunkt, schlägt sich Feuchtigkeit an den Schornsteinwandungen nieder, die zu der gefürchteten Versottung des Schornsteins führt. In schweren Fällen kann es dann notwendig werden, den Schornstein völlig abzureißen und neu aufzuführen.

Für offene Kamine wird daher folgende Ausführung empfohlen (11):
einwandige Formsteine aus Schamotte (Plewa-Rohre),
25-mm-Dämmplatte als Isolierung,
Ummantelung aus 24-cm-Lochziegeln.

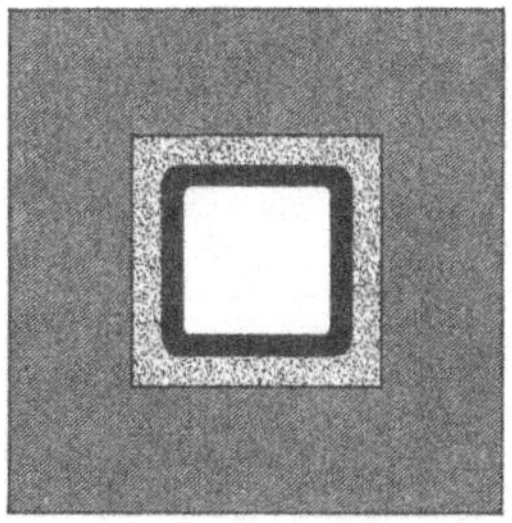

11 Für Schornsteine zu empfehlende Ausführung: Formsteine aus Schamotte, quadratischer Querschnitt, Isolierung aus 25-mm-Dämmplatte, Ummantelung aus 1 Stein starkem Lochziegelmauerwerk.

An Außenwänden, beim Durchführen des Schornsteins durch unbeheizte Räume und für den Schornsteinkopf ist diese Ausfühung als Regel anzusehen, im Wärmedämmgebiet III (Gebiete in Deutschland mit besonders rauhem Klima) als unterste Grenze. Bei warmen Innenwänden und beim Durchführen des Schornsteins durch beheizte Räume kann die Ummantelung auf 11,5-cm-Lochziegel reduziert werden (27).

Eine Drosselung des Feuers, zum Beispiel durch eine Rauchklappe, ist erst bei genügender Erwärmung aller Teile des Kamins zu empfehlen. Der Schornstein wird dann zwar nicht mehr voll belastet, obwohl sein Querschnitt dafür ausgelegt wurde, die Wärme der Schornsteinwandungen hilft aber mit, den Unterdruck im Schornstein aufrechtzuerhalten und zu verhindern, daß Falschluft in den Schornstein gelangt.

Schornstein-Querschnitt und -Höhe

Betrachten wir noch einmal das Bild der kommunizierenden Röhre (8), so wird uns klar, daß der nötige Unterdruck für das Kaminfeuer auch von der Höhe des Schornsteins beeinflußt wird. Bei geringer Schornsteinhöhe haben wir auch nur eine kleine Unterdrucksäule, bei großer Schornsteinhöhe eine entsprechend höhere. Mit wachsender Schornsteinlänge wird also der »Zug« besser. Ein guter Zug für einen offenen Kamin erfordert eine Schornsteinhöhe von etwa 6 m. Bei geringerer Schornsteinhöhe läßt sich ein Ausgleich in der Regel nur durch eine Vergrößerung des Schornsteinquerschnitts erzielen. Eine hohe Unterdrucksäule indes kann diese Maßnahme nicht ersetzen.

Der Schornsteinquerschnitt sollte grundsätzlich nicht größer bemessen werden als notwendig. Wird der Schornstein durch die aufsteigenden

Rauchgase und die mitgeführte Raumluft voll ausgefüllt, kann auch keine Falschluft eintreten und zu den unbeliebten Rauchbelästigungen führen. Bei ausreichender Schornsteinhöhe beträgt der Schornsteinquerschnitt etwa $^1/_{10}$ der Strahlungsfläche.

Faustregel

$$\text{Schornsteinquerschnitt in cm}^2 = \frac{\text{Strahlungsfläche in cm}^2}{10}$$

Bei unserem Beispiel mit einer Raumgröße von 100 m³ hätten wir also folgende vereinfachte Rechnung aufzustellen:

$$\frac{3\,000\ \text{cm}^2}{10} = 300\ \text{cm}^2$$

Gewählter Schornsteinquerschnitt: $18 \times 18 = 324$ cm².

Bei Verwendung von vorgefertigten Kamineinsätzen wähle man grundsätzlich die vom Hersteller empfohlenen Schornsteinquerschnitte (siehe Übersicht auf den Seiten 34 bis 47).

Sind jedoch Schornsteinquerschnitt und Schornsteinhöhe gegeben, zum Beispiel bei nachträglichem Anschluß eines Kamins an einen vorhandenen Notschornstein, so berechne man die Strahlungsfläche wie folgt:

$$\text{Fö} = \frac{\text{Fs} \cdot \sqrt{\text{hw}}}{\text{e}}$$

Es bedeuten:

Fö = Strahlungsfläche in cm²
Fs = Schornsteinquerschnitt in cm²
hw = wirksame Schornsteinhöhe in m
e = Einflußfaktor, der sich aus der Lage des Schornsteins ergibt.
Schornstein an einer Innenwand: e = 0,2
Schornstein an einer Außenwand: e = 0,6

Wir wollen nach dieser Formel einmal kontrollieren, für welche Strahlungsfläche der von uns gewählte Schornsteinquerschnitt von 18×18 bei einer wirksamen Schornsteinhöhe von 6 m ausreichen würde.

$$\frac{324 \cdot \sqrt{6}}{0{,}2} = 3969\ \text{cm}^2\ \text{Strahlungsfläche}$$

$$\frac{324 \cdot \sqrt{6}}{0{,}6} = 1323\ \text{cm}^2\ \text{Strahlungsfläche}$$

Bei einem Schornstein an der Innenwand wäre also der Querschnitt ausreichend für eine Strahlungsfläche von 3969 cm², die sich damit in gebräuchlichen Dimensionen bewegt, während der Anschluß eines Kamins bei Lage des Schornsteins an einer Außenwand bedenklich erscheint. Hier wäre die Frage der Isolierung unbedingt zu überprüfen; gegebenenfalls müßte man sich für eine andere Lösung entscheiden.

Frischluftzufuhr

Obwohl der offene Kamin heute in den seltensten Fällen als Übergangsheizung herangezogen wird, darf er doch nicht ohne Rücksicht auf den Raum, in dem er betrieben wird, beliebig dimensioniert werden. Historische Beispiele zeigen, daß bei allem Aufwand für die Repräsentation die Feueröffnung dennoch sehr klein gehalten wurde (siehe Bild auf Seite 75). Das hat seinen guten Grund.

Schon der Luftbedarf, den der offene Kamin zu seinem Betrieb erfordert, verbietet eine beliebige Vergrößerung der Strahlungsfläche. Während man früher dieses Problem vernachlässigen konnte, hat sich neuerdings infolge dichter schließender Fenster und Türen in unseren Wohnungen die Erkenntnis durchgesetzt, daß in die Betrachtung über Schornsteinhöhe, Schornsteinquerschnitt, Temperatur der Rauchgase und Größe der Feuerstelle auch die Frage einer ausreichenden Frischluftzufuhr einzubeziehen ist. Eine Feuerstelle benötigt zur Verbrennung ihres Heizmaterials nur eine relativ geringe Luftmenge. Sie beträgt zum Beispiel bei luftgetrocknetem Holz theoretisch nur 3,6 % der Brennmasse. Der größte Teil der Luft streicht lediglich durch den Feuerraum, ohne am Verbrennungsprozeß teilzunehmen.

Für alle Brennstellen (Öfen usw.) mit Ausnahme des offenen Kamins wird daher die Luftzufuhr so weit gedrosselt, daß sie etwa noch das Doppelte des zur Verbrennung notwendigen Bedarfs beträgt. Was aber machen wir beim offenen Kamin? Da drosseln wir nicht die Luftzufuhr, sondern steigern sie mit jeder Vergrößerung der Strahlungsfläche. Mit der einsetzenden Strömung durch das Kaminfeuer wird durch die gesamte Strahlungsöffnung Luft angesaugt und durch den Schornstein hinausbefördert. Der offene Kamin ist daher nicht nur eine Heizung, sondern zugleich eine hochwirksame Lüftung.

Durch jeden cm^2 Kaminöffnung werden bei Normalbetrieb stündlich 0,1 m^3 Luft abgesaugt. Wohlgemerkt, diese Luftmenge ist unbedingt notwendig, um die Strahlungsfläche des Kamins wirkungsvoll abzudichten und zur Erhaltung des Unterdrucks, ohne den kein Kamin funktionieren kann (12).

Ein Raum von 40 m^2 hat bei einer Raumhöhe von 2,50 m einen Luftinhalt von 100 m^3. Würden wir für diesen Raum einen Kamin mit einer Strahlungsfläche von $95 \times 70 = 6\,650$ cm^2 wählen, dann hätten wir einen stünd-

12 Nur ein kleiner Teil des zum Betrieb eines Kamins erforderlichen Luftbedarfs wird zur Verbrennung des Heizmaterials benötigt. Die größte Menge streicht ungenutzt durch den Feuerraum und zum Schornstein hinaus. Der Luftbedarf ist von der Größe der Strahlungsfläche abhängig.

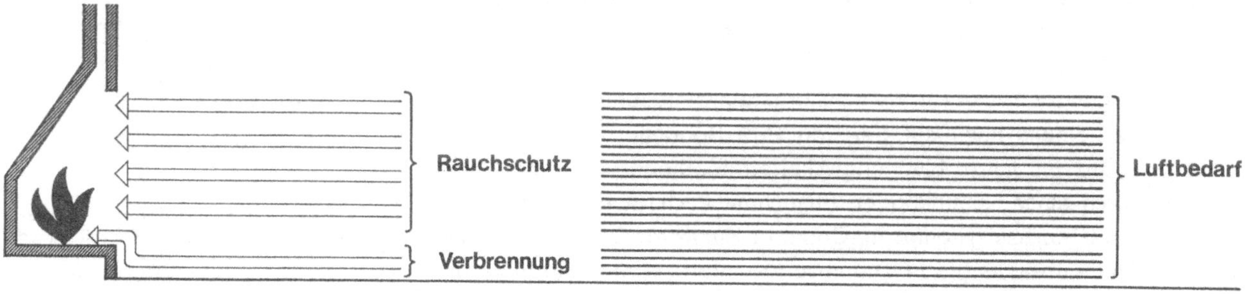

lichen Luftbedarf von 665 m³, was einem mehr als 6,5fachen Luftwechsel in der Stunde entspricht. Diese Luftmenge muß dem Kaminfeuer bei der angenommenen Strahlungsfläche unbedingt zugeführt werden.
Wenn wir uns diese Zahlen vor Augen halten, dann wird es leicht verständlich, wenn es am Kaminfeuer, das zugleich die einzige Heizquelle ist, so gern »zieht«. Oder umgekehrt: einen überdimensionierten Kamin in einem dicht schließenden Raum zu betreiben, würde unweigerlich zu Rauchbelästigungen führen.
Bei der Wahl der Strahlungsfläche ist daher immer an den hohen Luftbedarf zu denken. Nur bei entsprechend kleinen Kaminöffnungen in größeren Räumen, in denen zudem noch eine Luftzufuhr durch die angrenzenden Räume möglich ist, kann die Frage der Luftzufuhr außer acht gelassen werden. Nicht hingegen bei längerem Betrieb des Kaminfeuers und bei unzureichendem Luftvolumen der angrenzenden Räume.
Die Luftzufuhr kann entweder durch einen Kamin mit Luftumwälzung erfolgen (13) oder durch einen gesonderten Heizlüfter (14). Wichtig ist, um unangenehme Zugerscheinungen am Kaminfeuer zu verhindern, daß dem Raum in der kalten Jahreszeit vorgewärmte Luft zugeführt wird. Das Öffnen der Fenster zur Frischluftzufuhr ist zwar wirkungsvoll, trägt aber keineswegs zur Verbesserung des Raumklimas bei. Die Luft für den Kamin mit Luftumwälzung oder für den Heizlüfter wird in der Regel direkt der Außenluft entnommen. Sie kann aber auch aus einem gut bzw. dauerbelüfteten Kellerraum zugeführt werden. Das hat den Vorteil, daß zum Beispiel bei einem geheizten Kellerraum die Luft schon vorgewärmt ist und man auf einen Heizlüfter verzichten kann.

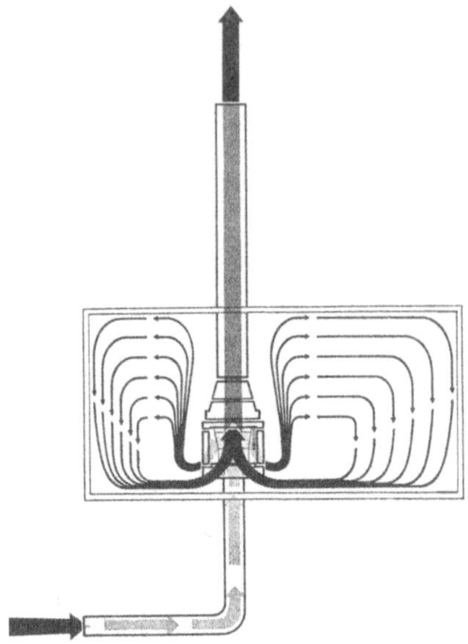

13 Luftzuführung bei einem Kamin mit Luftumwälzung (System Superfire DBP). Die für den Betrieb des Kamins erforderliche Frischluft wird durch einen Kanal angesaugt, vom Kaminfeuer erwärmt und dann erst der Raumluft zugeführt, ehe sie wieder durch die Strahlungsöffnung und durch den Schornstein entweicht.

Strömungsbild

Nahezu alle bekannten Strömungsbilder gehen davon aus, daß Kaltluft durch den Schornstein in den Kamin einfällt (15). So als wenn sich in ein und derselben Röhre zwei Luftsäulen aneinander vorbeibewegen würden. Diese theoretische Überlegung widerspricht jedoch so offensichtlich den physikalischen Gesetzen, daß sie nicht glaubhaft erscheinen kann. Bei einem richtig funktionierenden und richtig bemessenen Schornstein kann keine Kaltluft einfallen, es sei denn, daß es sich um sogenannte Falschluft handelt, deren Ursache aber in falscher Anlage oder falschem Betrieb des Kamins zu suchen ist: falsche Querschnittsberechnung, ungenügende Isolierung des Schornsteins, undichte Schornsteinwandungen, ungenügende Erwärmung der Rauchgase oder mangelnde Frischluftzufuhr.
Die Überlegungen mit der in den Schornstein einfallenden Kaltluft basieren anscheinend noch auf der von Prof. Benjamin Thompson und Graf Rumford im Jahre 1800 entwickelten Methode, die einfallende Kaltluft durch einen Umlenkboden (manchmal auch Rauchsims genannt) umzulenken (Benjamin Thompson, Count of Rumford: Of Chimney Fireplaces). Der Entwicklung von Thompson/Rumford lagen allerdings die

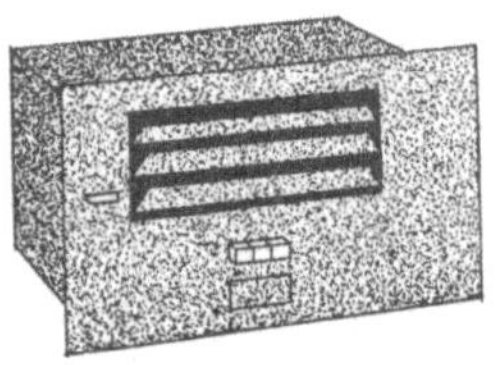

14 Bei Kaminen ohne Luftumwälzung, besonders bei Kaminen mit zweiseitiger, dreiseitiger oder offener Strahlungsfläche, kann vorgewärmte Frischluft durch einen Heizlüfter zugeführt werden.

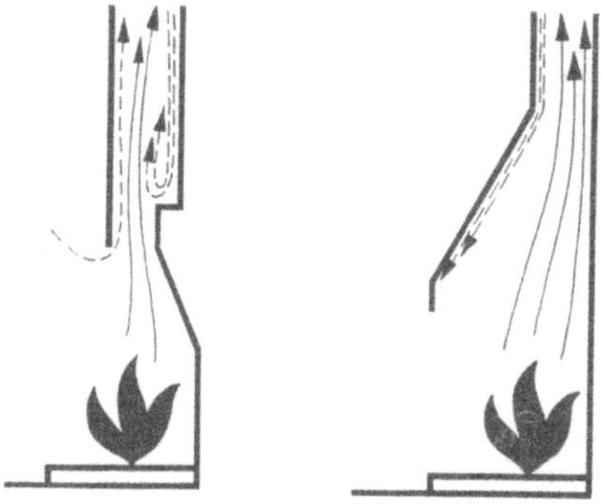

15 Viele bekannte Strömungsbilder gehen davon aus, daß durch den Schornstein Kaltluft in den Kamin einfällt. In ein und demselben Querschnitt kann aber nicht Auftrieb und Abtrieb gleichzeitig vonstatten gehen.

damals üblichen weit überdimensionierten Schornsteinquerschnitte zugrunde. Auch in der qualitativen Ausführung war man noch nicht so weit fortgeschritten, daß man eine Unterkühlung der Rauchgase im Schornstein ausschließen konnte.

150 Jahre später führt Prof. Dr.-Ing. P. O. Rosin am Institute of Fuel in London eine Reihe von Versuchen durch (Rosin: The aerodynamics of domestic open fires), um die physikalischen Vorgänge an einem offenen Kamin zu untersuchen. Rosin stellt damit wissenschaftlich fest, daß der offene Kamin nicht nur eine Heizungs-, sondern gleichzeitig eine Lüftungsanlage ist. Die Strömungsbilder am Modell machen deutlich, daß zusammen mit den Rauchgasen eine größere Menge Raumluft in den Schornstein einströmt, wobei die Geschwindigkeit der einströmenden Raumluft am Rauchsims am höchsten ist (16) und damit natürlich auch in unmittelbarer Nähe des Feuers. Die Rauchgase selbst steigen an der Rückwand des Kamins hoch und vermischen sich mit der abgesaugten Raumluft. Auch hier wird deutlich, daß der größte Teil der durch die Feueröffnung strömenden Luft nicht dem Verbrennungsprozeß dient, sondern direkt durch den Schornstein entweicht. Rosin erkennt durch diese Versuche, daß der richtigen Querschnittbemessung des Schornsteins ebenso Bedeutung zukommt wie der Formgebung der Feuerstelle.

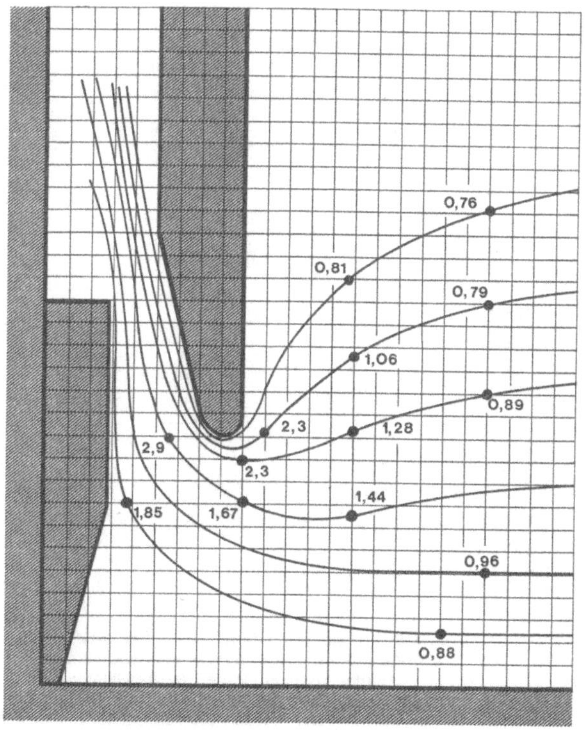

16 Links: Strömungsmessung am Modell durch Prof. Dr.-Ing. P. O. Rosin. Geschwindigkeit in cm/s. Rechts: Aufgrund der Versuche entwickelte günstige Form für einen Kamin.

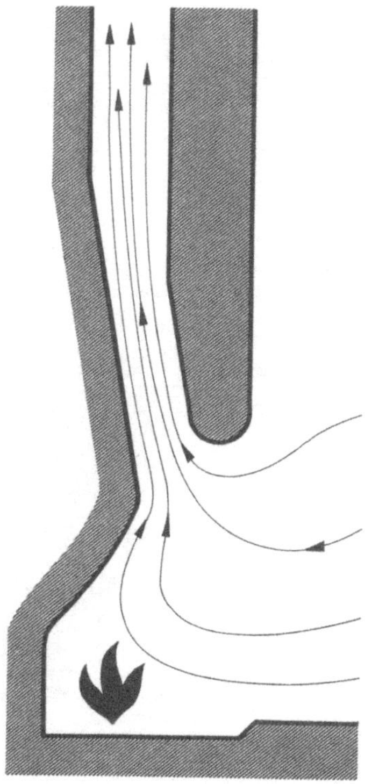

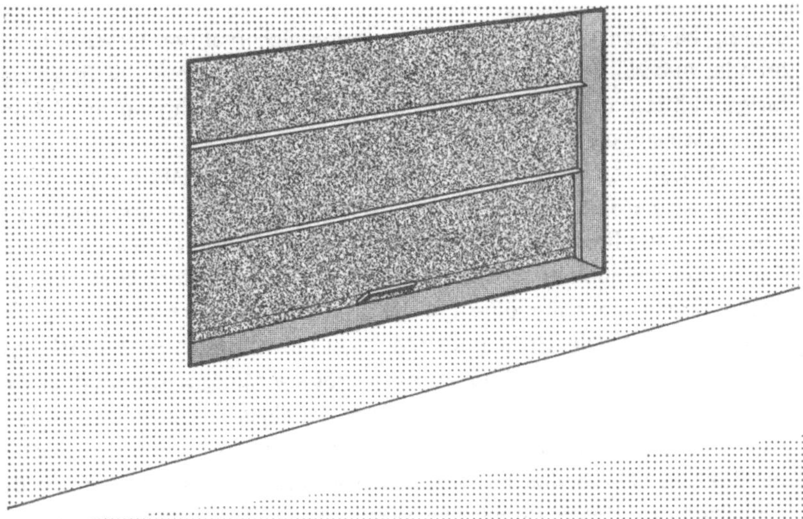

17 Die Strahlungsöffnung kann durch eine Kaminjalousie (Honegger) verschlossen werden. In diesem Fall ist eine Rauchklappe nicht erforderlich. Die Strahlungsöffnung läßt sich für den Betrieb bei Bedarf verkleinern.

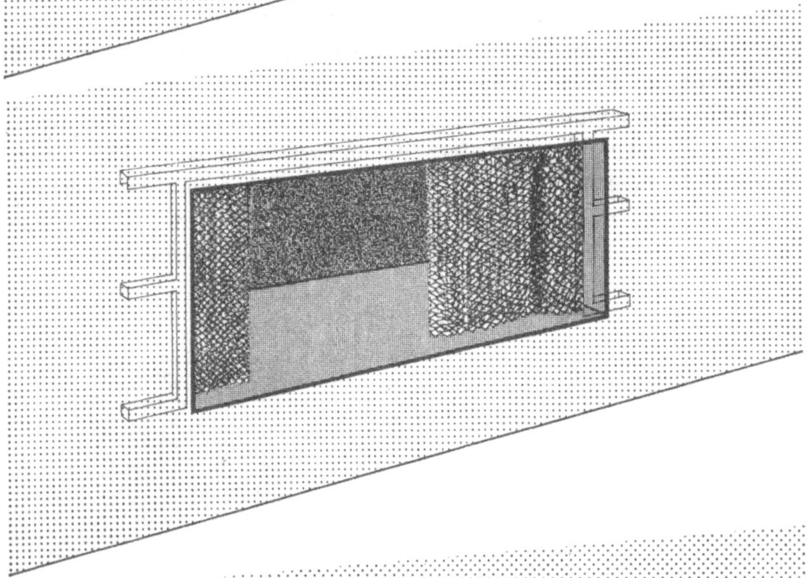

18 Beim Verbrennen von zum Funkensprühen neigenden Hölzern sollte ein Funkenschutz bereitstehen. Der Funkenschutzvorhang kann gleich eingebaut werden. Wenn er nicht gebraucht wird, läßt er sich in seitliche Taschen einschieben.

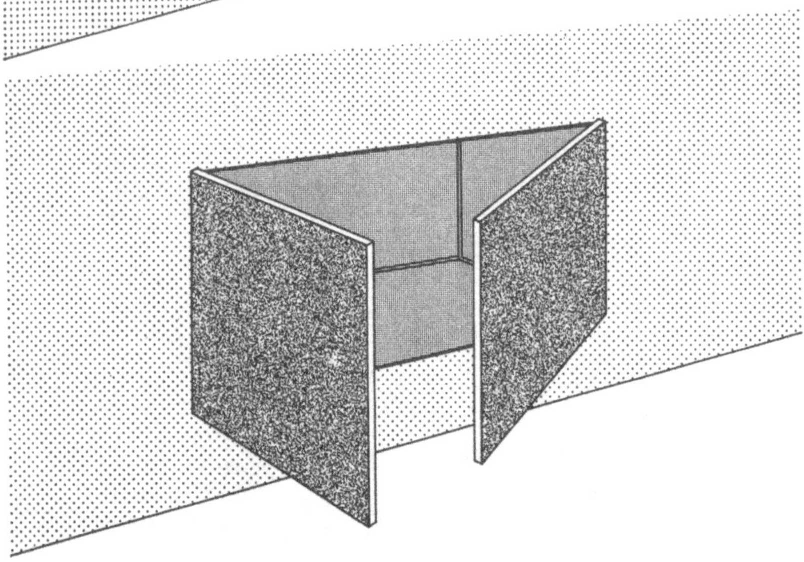

19 Türen aus Metall zum Verschließen der Kaminöffnung. Eine gesonderte Rauchklappe kann entfallen. Anders als bei der Kaminjalousie läßt sich die Strahlungsöffnung des Kamins allerdings nicht variieren, sondern nur öffnen oder schließen.

Ausführung

Die Ausführung von Kaminen wird heute in der Regel Spezialfirmen übertragen. Sie verfügen über das für den Kaminbau geeignete Material und über die erforderlichen Erfahrungen. Die Verwendung von vorgefertigten Kamineinsätzen setzt sich immer mehr durch. Bei Einhaltung der Einbauvorschriften garantieren die Hersteller für einwandfreies Funktionieren der Anlage.

Kamin mit einseitiger Strahlungsfläche

Diese Kaminform ist am weitesten verbreitet und wird von allen Herstellern vorgefertigter Kamineinsätze angeboten. Bei dieser Ausführung ist es möglich, die Rückwand mit einer heizungstechnisch günstigen Neigung zu versehen und durch schräge Seitenwände ein Höchstmaß an Wärmestrahlung zu erzielen. Der Zwischenraum zwischen den Seitenwänden der Feuerstelle und der seitlichen Verkleidung wie auch hinter der geneigten Rückwand kann zum Vorwärmen der Frischluft herangezogen werden (21).

Die Höhe des Feuerbodens sollte zweckmäßigerweise, um die Strahlungsöffnung in eine günstige Position zu bringen, ca. 35 cm über dem Fußboden liegen. Die feuerpolizeilichen Vorschriften verlangen in diesem

20 Vor der Feueröffnung ist aus Sicherheitsgründen ein Streifen von 50 cm Breite anzuordnen. Die Skizze zeigt die drei üblichen Ausführungen. Ein über dem Fußboden angeordneter Feuerboden ist günstiger als in Fußbodenhöhe.

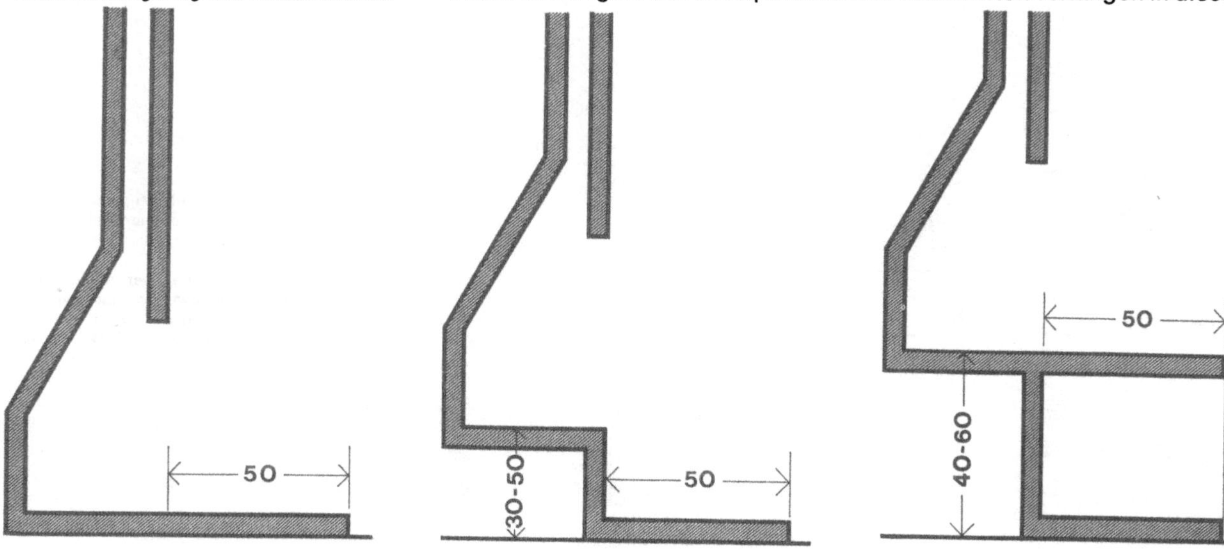

Falle neben dem grundsätzlich vorgeschriebenen Sicherheitsstreifen von 50 cm aus nicht brennbarem Material noch einen 15 cm hohen Funkenschutz an der Strahlungsöffnung. Den Vorschriften ist allerdings auch Genüge getan, wenn der Feuerboden bis 50 cm vor die Feueröffnung verlängert wird. Die Verlängerung des Feuerbodens kann als Platte oder Konsole ausgebildet sein. Die Höhe von 35 cm über dem Boden ermöglicht den Einbau einer Aschenlade oder einer Holzlege unter der Feuerstelle.

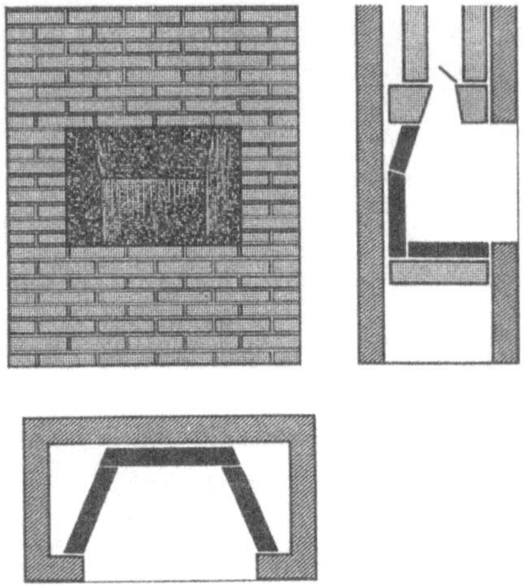

21 Beim Kamin mit einseitiger Strahlungsfläche kann der Zwischenraum zwischen den schräggestellten Seitenwänden und der Verkleidung sowie zwischen der Rückwand und dem Mauerwerk zum Vorwärmen der Frischluft genutzt werden.

Kamin mit zweiseitiger Strahlungsfläche

Kamine dieser Ausführungsart bieten zwar den Vorteil, daß sie die Wärme nach zwei Seiten ausstrahlen (22), haben aber den Nachteil, daß sie nur eine geringere Strahlungswärme entwickeln. Der Frischluftbedarf steigt proportional mit der Vergrößerung der Strahlungsfläche. Der sonst bei einseitiger Strahlungsfläche gebildete Zwischenraum zwischen Seitenwand und Feuerstelle und seitlicher Verkleidung kann nur im Falle von Bild 23 a zum Vorwärmen der Frischluft herangezogen werden. Bei den Ausführungen nach Bild 23 b und c ist ein Vorwärmen der Frischluft durch das Kaminfeuer nur bedingt möglich. Kamineinsätze mit zweiseitiger Strahlungsfläche werden nur nach Bild 23 b angeboten.
Der nach den feuerpolizeilichen Vorschriften verlangte Sicherheitsstreifen von 50 cm vor der Feuerstelle ist auf beiden Seiten erforderlich.

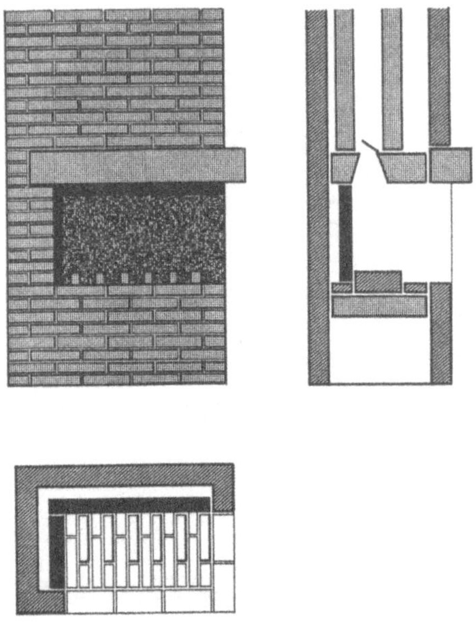

22 (links) Der Kamin mit zweiseitiger Strahlungsfläche hat wegen seiner zwei offenen Seiten einen höheren Frischluftbedarf.

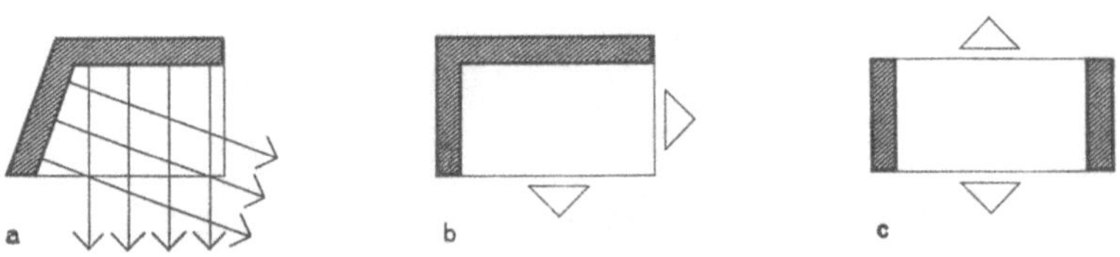

23 Mögliche Formen von Kaminen mit zweiseitiger Strahlungsfläche. Der Zwischenraum zwischen Seitenwand und Verkleidung ließe sich zum Vorwärmen der Frischluft nur nach a (links) heranziehen.

Kamin mit dreiseitiger Strahlungsfläche

24 Mögliche Ausführungsarten von Kaminen mit dreiseitiger Strahlungsfläche. In der Regel wird die vorgehängte Rauchschürze aus Metall für diesen Kamintyp bevorzugt.

Solche Kamine haben zwar eine breite Ausstrahlung, aber nur eine geringe Wärmeabgabe. Bei hohem Frischluftbedarf besteht keine Möglichkeit, die zugeführte Frischluft durch das Kaminfeuer vorzuwärmen. Der Einbau eines Heizlüfters für die Frischluftzufuhr ist daher dringend zu empfehlen. Vorgefertigte Kamineinsätze mit dreiseitiger Strahlungsfläche nach Bild 24 (links) werden lediglich als Rauchschürze angeboten. Der Sicherheitsstreifen von 50 cm ist auf allen drei Seiten erforderlich.

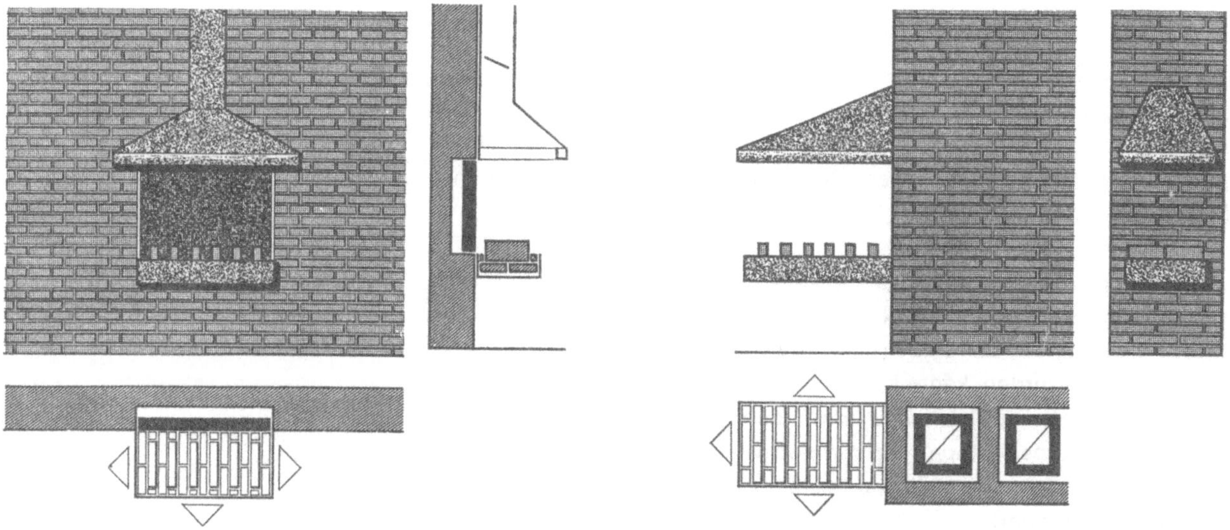

Kamin mit allseitiger Strahlungsfläche

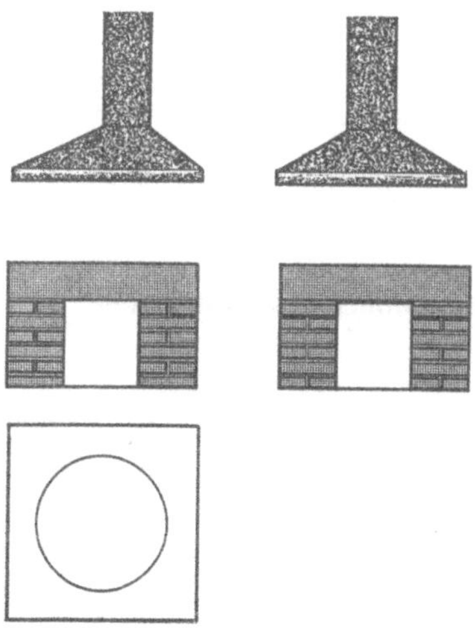

25 Rauchabzugshaube als Kamin mit allseitiger Strahlungsfläche. Die Strahlungsöffnung kann durch Schutzbleche verkleinert werden.

Kamine mit einer Ausstrahlung nach allen Seiten sind mit einem offenen Feuer zu vergleichen, das jedoch für den Rauchabzug eine Rauchschürze besitzt. Wir kennen offene Feuerstellen von Almhütten im europäischen Alpengebiet und auf dem Balkan, die nicht einmal über einen Rauchabzug verfügen. Der Rauch erfüllt den gesamten oberen Teil der Hütte und strömt zur geöffneten Tür hinaus. Gleichzeitig kommt frische Luft zur Tür herein und hält den unteren Teil der Hütte rauchfrei. Da diese Hütten aus Holz gebaut sind, können die Rauchgastemperaturen nur gering sein. Sonst wären die Hütten schon längst abgebrannt.

Bei geringer Strahlungswärme entwickelt der Kamin mit offener Strahlungsfläche nur eine niedrige Rauchgastemperatur und damit auch nur einen geringen Unterdruck im Schornstein. Der Frischluftbedarf ist besonders groß. Ein Vorwärmen der Frischluft durch das Kaminfeuer kann nicht erfolgen. Der Einbau von Heizlüftern ist anzuraten. Die Vorschriften verlangen einen 50 cm breiten Sicherheitsstreifen rings um den Kamin.

Der Kamin ist empfindlich gegen Luftbewegungen im Raum und gegen Windeinwirkung von außen.

Rauchschürzen lassen sich natürlich auch an eine Wand anlehnen. Wir erhalten dann einen Kamin mit dreiseitiger Strahlungsfläche.

Kamin und Schornstein

Die Anordnung des Schornsteins über dem Kamin ist strömungstechnisch am günstigsten, weil die Rauchgase die wenigsten Reibungsverluste erleiden, auf dem kürzesten Wege ins Freie gelangen und dadurch die geringsten Wärmeverluste haben. Der Zug bei einem Schornstein über dem Kamin wird daher stets am besten sein.

Schornstein über dem Kamin

Leider bringt die Anordnung des Schornsteins über dem Kamin auch Nachteile mit sich. Als erster wäre zu nennen, daß die Konstruktion des Kamins, besonders wenn es sich um vorgefertigte Kamineinsätze handelt, nicht belastet werden kann. Der Schornstein muß daher abgefangen werden. Ein weiterer Nachteil ist, daß beim Reinigen des Schornsteins durch den Schornsteinfeger der von den Wandungen abgestreifte Ruß in die Feuerstelle und somit in den Raum fällt oder aber sich auf der Rauchklappe ablagert.

Es ist zweckmäßig, über der Rauchklappe einige Rundeisen einzulegen, um ein Durchfallen des Kehrbesens und damit ein Beschädigen der Kaminteile durch den Kehrbesen zu verhindern. Eine Reinigungsöffnung in Höhe der Rauchklappe, die – wenn möglich – von außen zugängig sein sollte, wird empfohlen. Zur Reinigung kann ein Staubsauger benutzt werden. Wird der Kamin ohne Rauchklappe betrieben und die Feueröffnung durch eine Jalousie bzw. eine Tür oder Klappe verschlossen, so muß der herabfallende Ruß in jedem Fall durch die Feuerstelle entfernt werden, was mit einem Staubsauger leicht möglich ist.

Schornstein hinter dem Kamin

Die Anordnung des Schornsteins hinter dem Kamin hat sich als die zweckmäßigste erwiesen. Zwar muß der Schornstein über der Rauchkammer gezogen werden, was aber bei Verwendung von Formsteinen keine besonderen Schwierigkeiten bereitet. Die Strömungs- und Wärmeverluste der Rauchgase halten sich in annehmbaren Grenzen.

Das Reinigen des Schornsteins durch den Schornsteinfeger erfolgt wie bei jedem anderen Rauchgasschornstein. Die untere Reinigungsöffnung kann entweder von außen zugängig, beim Aufführen des Schornsteins von der Kellersohle aus aber auch im Keller angeordnet sein. Besondere Vorkehrungen sind nicht erforderlich.

Schornstein neben dem Kamin

Seltener wird es notwendig sein, den Kamin neben einem Schornstein anzuordnen. Auch bei dieser Ausführung muß der Schornstein über der Rauchkammer gezogen werden. Um Strömungs- und Wärmeverluste der Rauchgase zu verhindern, sollte der gezogene Teil möglichst kurz sein, also der Schornstein direkt neben dem Kamin stehen. Der gezogene Teil wird unter einem Winkel von 60° in den Schornstein geführt.
Bei Kaminen mit zweiseitiger Strahlungsfläche kann ein Schornstein neben dem Kamin zweckmäßiger sein als ein Schornstein hinter dem Kamin, jedoch sollte man bei einem Kamin mit zweiseitiger Strahlungsfläche die niedrigeren Rauchgastemperaturen berücksichtigen und den Schornstein möglichst immer über dem Kamin anordnen.
Das Reinigen des Schornsteins durch den Schornsteinfeger erfolgt in diesem Fall wie bei einem Schornstein hinter dem Kamin.
Sowohl der hinter als auch der neben dem Kamin angeordnete Schornstein hat den Vorteil, daß beim Reinigen durch den Schornsteinfeger kein Ruß in den Feuerraum fällt.

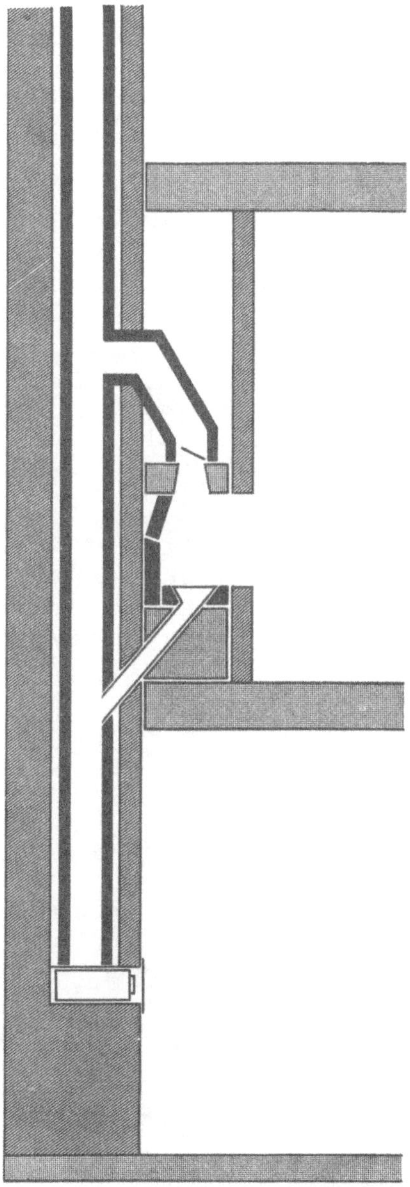

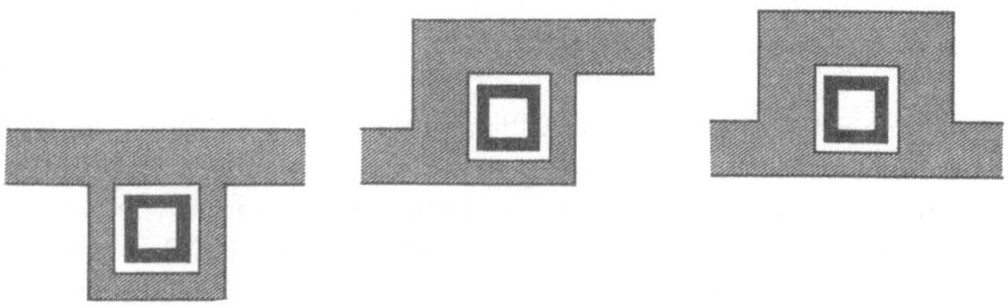

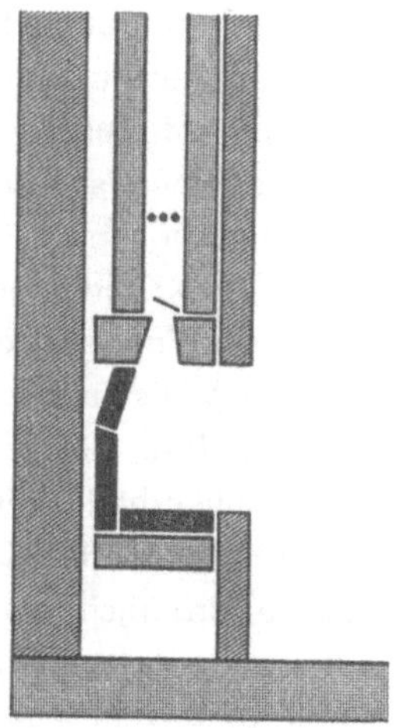

26 (links) Kamin mit dahinter angeordnetem Schornstein. Der Aschenfall vom Feuerraum kann in den Schornstein geleitet werden.

27 (oben) In die Außenwand eingebundene Schornsteine erfordern eine gute Isolierung.

28 (rechts) Bei über dem Kamin angeordneten Schornsteinen ist es zweckmäßig, einige Rundeisen einzulegen, damit der Reinigungsbesen des Schornsteinfegers nicht bis in den Feuerraum hinunterfällt und dort Beschädigungen verursacht.

Vorgefertigte Kamineinsätze

Systeme

Bei den vorgefertigten Kamineinsätzen kann man unterscheiden zwischen Systemen ohne Luftumwälzung, bei denen gegebenenfalls eine gesonderte Frischluftzufuhr vorgenommen werden muß, Systemen mit geringer, aber zwangsläufiger Luftumwälzung und Systemen mit hoher zwangsläufiger Luftumwälzung.
Nachfolgend werden einige Erzeugnisse der Spezialfirmen für Kamineinsätze beschrieben. Eine Auswahl der wichtigsten Daten ist in der Übersicht Seite 34–47 zusammengestellt.

Bellfires

Bellfires-Einsätze sehen keine Luftumwälzung vor. Der Vorteil der Bellfires-Einsätze liegt in der geringen Anzahl von Teilen und in der schnellen Montage. Rücken und Seitenwände bestehen aus poröser, feuerfester Schamotte und sind aus einem Stück gefertigt. Erst bei den größeren Typen werden Rücken- und Seitenteile in mehreren Teilen hergestellt.
Der Feuerboden besteht aus lose verlegten Schamottesteinen mit eingebauten Luftkanälen und in der Regel aus nur vier Teilen. Die Luftkanäle in den Bodensteinen haben die Aufgabe, zur Verbrennung des Heizmaterials vorgewärmte Luft direkt an das Feuer zu führen und eine völlige Verbrennung des Heizmaterials sicherzustellen. Der Feuerboden ist muldenförmig ausgebildet (29).
Anstelle der Bodensteine kann auch ein Feuerkorb mit einem Aschenkasten geliefert oder ein Kipprost in die Bodensteine eingesetzt werden zum Abfegen der Asche in den Aschenfall zum Keller.
Für alle Typen ist serienmäßig ein Verlaufstück mit eingebauter Absperrklappe vorgesehen. Kamineinsatz und Verlaufstück sind nicht belastbar. Über dem Kamin angeordnete Schornsteine sind daher abzufangen, Anschluß an einem hinter dem Kamin angeordneten Schornstein kann auf einfache Weise mit Formsteinen geschehen.
Der Typ Bell 18 ist auch mit einer fertigen Verkleidung aus Chromnickelstahl erhältlich (siehe Bild Seite 93).
Eine Frischluftzufuhr ist bei Auswahl der richtigen Größe im allgemeinen nicht erforderlich, andernfalls ist sie gesondert vorzusehen. Es kommt eben ganz darauf an, für den vorgesehenen Raum den richtig dimensionierten Typ auszuwählen. Vgl. Übersicht auf den Seiten 34 und 35.

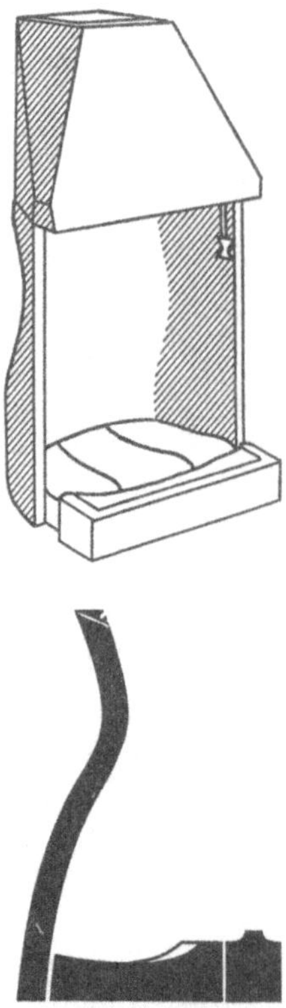

29 Ansicht und Schnitt durch einen Bellfires-Kamineinsatz.

30 Norm-Kamineinsatz ohne Luftumwälzung und Warmluft-Kamineinsatz von Honegger. Der Warmluft-Kamineinsatz hat eine zwangsläufige Luftumwälzung für die Zufuhr von vorgewärmter Frischluft. Die Frischluft kann aber auch mit der Raumluft gemischt werden. Ebenso ist es möglich, lediglich die Raumluft damit zu erwärmen – wenn es die Raumverhältnisse zulassen.

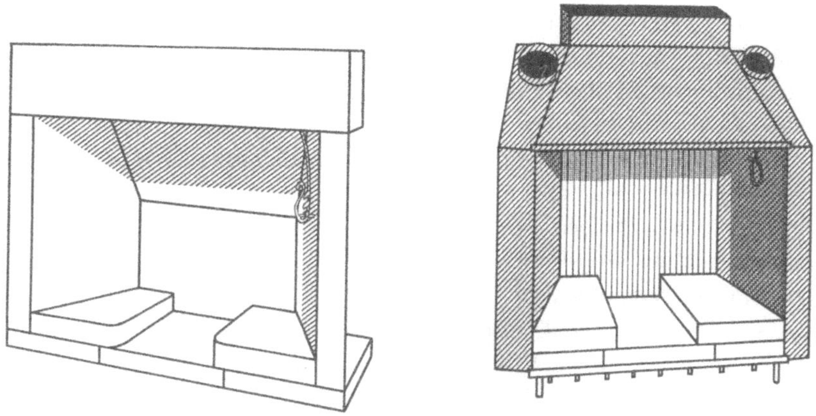

Honegger

Diese Firma stellt zwei verschiedene Typen von vorgefertigten Kamineinsätzen her. Honegger hat ferner zwei verschiedene Typen von Grillkaminen und ein umfangreiches Programm an Grillgeräten anzubieten. Die Firma zählt auf diesem Gebiet zu den führenden Herstellern in Europa und kann mit einer langjährigen Erfahrung aufwarten.

Norm-Cheminée-Feuerraum AHZ

Der Norm-Cheminée-Feuerraum AHZ sieht keine Luftumwälzung vor. Er besteht aus 13 Einzelteilen. Außer den Bedienungselementen sind alle Teile aus Schamotte hergestellt. Der Kamineinsatz wird mit oder ohne Rauchabzugshaube aus Stahlblech geliefert. In der Rauchabzugshaube ist eine Rauchklappe eingebaut, sonst wird sie gesondert geliefert. Der Feuerboden besteht aus den fest verlegten Bodenplatten und den ebenfalls fest verlegten Feuerböcken aus Schamotte. Die Feuerböcke erleichtern ein Aufschichten des Heizmaterials. In den Feuerboden können verschiedene Aschenfallkonstruktionen eingebaut werden.

Eine Frischluftzufuhr (vgl. Seite 17 ff.) ist gegebenenfalls gesondert vorzusehen.

Dieser Feuerraum wird mit einseitiger wie auch mit zweiseitiger Strahlungsöffnung geliefert. Der Norm-2 S(zweiseitig)-Cheminée-Feuerraum besteht aus 7 cm starken Schamotteplatten für Boden und Wände, dem Sturzwinkelstahl mit Eckstütze als Auflage für die Verkleidung und einer Abzugshaube aus 3 mm Stahlblech mit eingebauter Rauchklappe.

Luno-Warmluft-Feuerraum

Der Luno-Warmluft-Feuerraum AHZ hat eine hohe zwangsläufige Luftumwälzung. Die Luftumwälzung erfolgt in der Regel mit Frischluft. Auf diese Weise wird eine ausreichende Zuführung vorgewärmter Frischluft sichergestellt. Zur Luftumwälzung kann aber auch die Raumluft herangezogen werden, entweder gemischt mit der Außenluft oder allein, wenn es die Raumverhältnisse zulassen.

Der Luno-Warmluft-Feuerraum AHZ ist ein vorgefertigter, doppelwandiger Kasten aus starkem Stahlblech, die inneren Seitenwände sind mit Kupferblech beschlagen, Boden und Rückwand der Feuerstelle bestehen aus massiven Rillengußplatten. Der Boden ist zusätzlich mit Schamotteplatten und Feuerböcken aus Schamotte ausgekleidet, die Rückwand mit Asbest abgedichtet. Die Feuerböcke erleichtern ein Aufschichten des Heizmaterials. In den Feuerboden können verschiedene Aschenfallkonstruktionen eingebaut werden. Eine Rauchklappe und eine Querstange zum Aufhängen von Kessel oder Pfanne sind fertig eingebaut.
Dieser Feuerraum wird mit einseitiger wie auch mit zweiseitiger Strahlungsöffnung geliefert. Wie bei der Ausführung mit einseitiger Strahlungsöffnung besteht der Luno-2 S-Warmluft-Feuerraum aus einem doppelwandigen Kasten aus starkem Stahlblech. In der Zone der höchsten Temperaturen bestehen Boden und Seitenwände aus massiven Rillengußplatten. Die verbleibenden Wandteile sind mit Kupferblech beschlagen. Der Boden ist zusätzlich mit Schamotteplatten ausgekleidet. Der Feuerraum hat ferner einen Sturzwinkelstahl mit Eckstütze als Auflage für die Verkleidung und eine eingebaute Rauchklappe.

Kabe

Der Kabe-Rohkamin besteht aus dem Feuerraum und einer Stützkonstruktion. Die Teile des Feuerraums sind aus Schamotte, die der Stützkonstruktion aus Beton hergestellt.
Der Feuerboden besteht aus der auf der Grundplatte aufgelegten Feuerplatte und den fest verlegten Feuerböcken aus Schamotte. Durch die Feuerplatte kann dem Feuer ein Teil der Frischluft direkt zugeführt werden. Die Feuerraumplatte ermöglicht zudem den Einbau einer Aschenfallkonstruktion. Die Feuerböcke erleichtern ein Aufschichten des Heizmaterials. Rauchkammer und Rauchklappe gehören zum Lieferumfang.
Als Garten- oder Terrassenkamin wird der Feuerraum in vereinfachter Ausführung geliefert, da eine Luftumwälzung nicht erforderlich ist.
In der Ausführung als Kabe-Rohkamin mit zweiseitiger Strahlungsöffnung wird er mit einer auf der Grundplatte gerade aufgestellten Seitenwand und mit einer ebensolchen Rückwand geliefert. Als oberen Abschluß besitzt er einen Winkelrahmen mit Eckstütze zum Aufsetzen der Verkleidung. Die Rauchkammer ist aus Stahlblech und hat einen Rauchgasabzug, ebenfalls aus Stahlblech, zum Anschluß an den Schornstein. Eine Rauchklappe ist fest eingebaut.
Der Feuerboden besteht aus der Feuerraumplatte, die den Einbau einer Aschenfallkonstruktion sowie die Frischluftzufuhr zur Feuerstelle ermöglicht, und den Feuerböcken. Die Feuerböcke erleichtern ein Aufschichten des Heizmaterials.
Wie die Zuluft eingeleitet werden kann, geht aus Abbildung 31 hervor. Ebenso ist daraus ersichtlich, wie sich eine Aschenfallkonstruktion auf einfache Weise einbauen läßt.

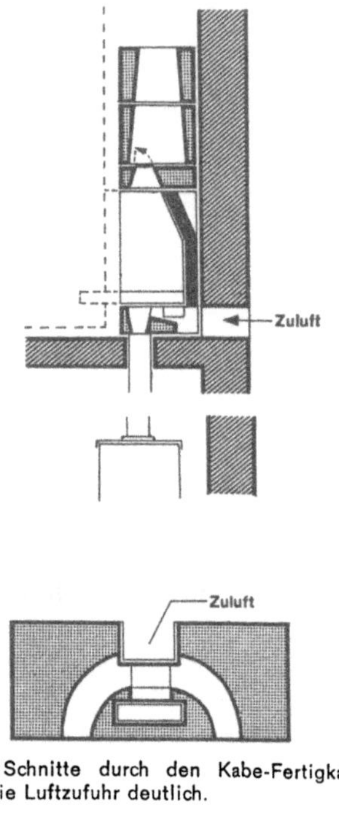

31 Die Schnitte durch den Kabe-Fertigkamin machen die Luftzufuhr deutlich.

32 Kabe-Kamineinsatz mit Zuführung von vorgewärmter Frischluft (links). Rechts Kabe-Fertigkamin aus einem Stück. Auf die Grundplatte mit den Zuluftkanälen wird ein Kamineinsatz aus einem Stück aus Schamotte aufgesetzt.

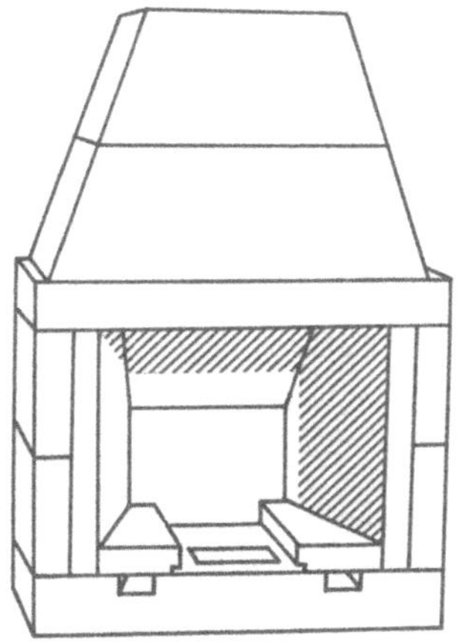

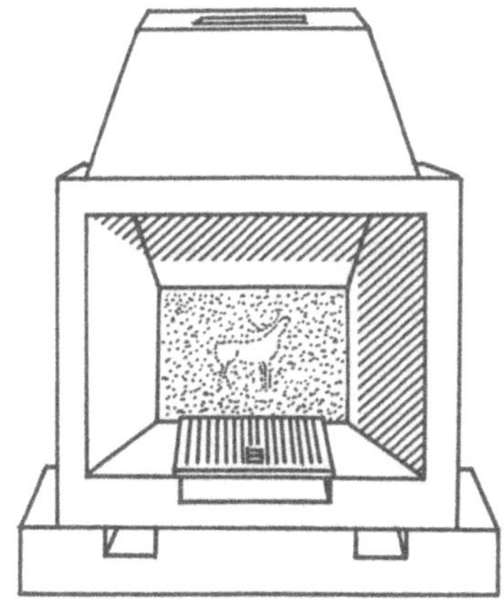

In der Bodenplatte befindet sich ein Kanal zur Frischluftzufuhr mit einer Austrittsöffnung unter der Feuerraumplatte und zwei Austrittsöffnungen an der Vorderseite unmittelbar unter der Strahlungsöffnung, so daß die Frischluft direkt der Feuerstelle zugeführt wird.

Der Kabe-Kamin mit dreiseitiger Strahlungsöffnung ist ähnlich aufgebaut. Eine interessante Ergänzung des Herstellungsprogramms stellt der Innenkamin aus einem Stück dar. Auf die Grundplatte, wie bei den anderen Modellen mit Frischluftkanälen versehen, wird der aus einem Stück gefertigte Feuerraum aus Schamotte aufgesetzt. Die Montagearbeiten lassen sich dadurch wesentlich reduzieren. Die Rückwand besteht aus einer Gußplatte.

Eine Frischluftzufuhr (vgl. Seite 17 ff.) ist gegebenenfalls gesondert vorzusehen.

Kockums-Schwedenkamin

Der Kockums-Fertigkamin besteht aus Gußstahl mit einer feuer- und hitzebeständigen Ziegelauskleidung. Er wird in Einzelteile zerlegt angeliefert. Die Montageanleitung erleichtert das Zusammensetzen.

Der Gußstahlmantel ist mit schwarzem Silikonlack lackiert. Zwei perforierte Türen dienen als Funkenschutzgitter. Der Rauchgasabzug (14 cm ⌀) im oberen Teil des Fertigkamins kann an jeden hinter dem Kamin angeordneten Schornstein angeschlossen werden. Eine Frischluftzufuhr (vgl. Seite 17 ff.) ist gegebenenfalls gesondert vorzusehen.

Lünstroth

Der Lünstroth-Kamineinsatz (Baukastensystem) besteht aus Feuerbeton und Schamotte. Er wird komplett einschließlich Rauchklappe mit Stellstange, Aschenfallkippdeckel mit Ascheneimer und 5 kg Mörtel in einer Styropor-Verpackung geliefert, zusammen 15 Teile.

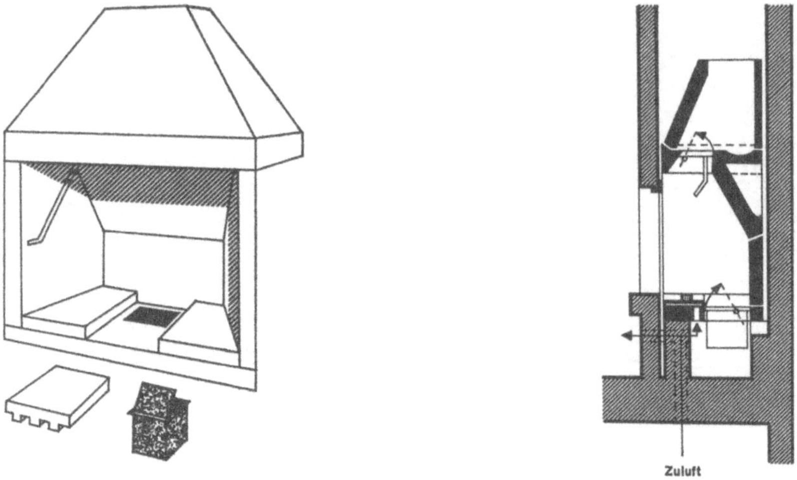

33 **Ansicht und Schnitt durch einen Lünstroth-Kamineinsatz.** Der Schnitt zeigt die Zufuhr von Frischluft an die Feuerstelle.

Obwohl der Lünstroth-Kamineinsatz in 6 verschiedenen Größen mit Strahlungsflächen von 3 000, 4 200, 4 800, 6 750, 7 500 und 10 800 cm² hergestellt wird, interessiert hier besonders die Type L 2, Größe 2 mit 4 200 cm² Strahlungsfläche. In die Bodenplatte ist ein Regulierschieber eingebaut, um Frischluft der Feuerstelle direkt zuführen zu können. Als Zuleitung benötigt man eine Rohrleitung von etwa 10 × 10 cm. Diese Type wird auch mit zweiseitig und dreiseitig offener Feuerstelle geliefert. Für diese Ausführungen ist ein Winkelrahmen erforderlich, der die Verkleidung trägt. Auf die Stützen kann man verzichten.

Beim Typ Dovre, der in zwei verschiedenen Größen geliefert wird, handelt es sich um einen gußeisernen Kamineinsatz. Wenn man diesen Kamineinsatz mit einem Abstand von etwa 10 cm vor der Wand aufstellt, kann man den Luftzwischenraum zwischen Verkleidung und Kamineinsatz zur Luftumwälzung heranziehen und damit eine größere Heizleistung erzielen. Das Gußeisen ist zum Erwärmen des dahinter befindlichen Luftraums vorteilhaft. In die Heizkammer wird Raumluft oder zusätzlich Frischluft eingeleitet. Dadurch wäre auch die für den Betrieb eines Kamins erforderliche Frischluftzufuhr gesichert. Die Rückwand kann eine Platte mit Rillen oder aber mit Ornamenten erhalten. Die Zuluft ist durch einen Schieber zu regulieren.

Beim Typ Donbar handelt es sich um einen anschlußfertigen Kamin aus schwarzem Stahlblech, der nicht verkleidet wird. Je nach Schornsteinlage erhält der Fertigkamin auf der Rückseite einen Abzugsstutzen zum Einführen in den Schornstein; der Rauchabzug kann aber ebenso senkrecht angeordnet und gegebenenfalls auch durch die Zimmerdecke geführt werden. Gerade für den nachträglichen Einbau eines Kamins ist der Typ Donbar besonders geeignet. Den Typ Donbar gibt es in zwei

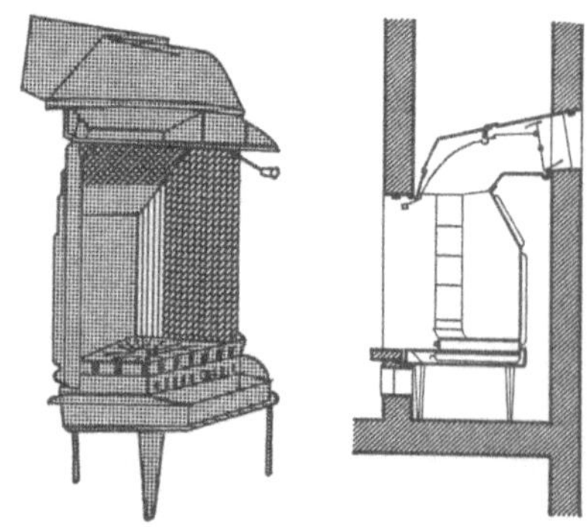

34 Ansicht und Schnitt vom Dovre-Kamineinsatz für einen Kamin mit Luftumwälzung.

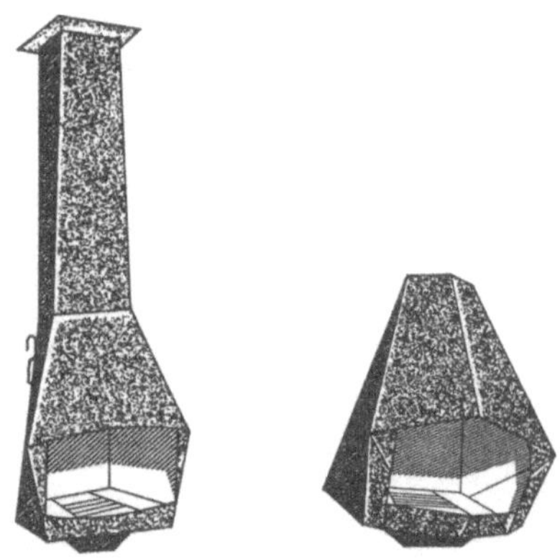

35 Ansichten vom Donbar-Fertigkamin, der aus schwarzem Stahlblech besteht und vor einer Wand montiert wird.

verschiedenen Ausführungen, die sich lediglich in der Gestaltung unterscheiden. Mit Sonderausführung wird eine besonders breite Ausführung bezeichnet.
Passend für alle Donbar-Kamine kann ein Grillrost geliefert werden. Für diesen Zweck sind bereits die entsprechenden Öffnungen vorgesehen. Ein passender Grillrost ist ebenfalls für den Typ L 2, Größe 2, erhältlich. Für diese Grillroste gibt es dazu passende Grillböcke, so daß sich die Grillroste auch als Gartengrill verwenden lassen.

Morsø-Kaminofen

Aus dänischer Fabrikation kommt der Morsø-Kaminofen. Er hat einen Mantel aus Gußstahl, eine Auskleidung aus Schamotte und ferner einen Funkenfänger.
Der Morsø-Kaminofen wird entweder in schwarz graphitierter oder in grün emaillierter Ausführung geliefert. Mit seinem 71 cm über dem Boden angeordneten Rauchgasabzug kann er an jeden hinter dem Kaminofen angeordneten Schornstein angeschlossen werden.

Rösler (Openfire)

Der Rösler-Norm-Kamin sieht keine Luftumwälzung vor. Er besteht aus 6 bis 12 Einzelteilen aus Schamotte bzw. Feuerbeton.
Der Feuerboden ist aus einem Stück gefertigt mit einer Vertiefung in der Mitte, in der sich auch eine Öffnung für den Aschenfall befindet. Seine Form erleichtert das Aufschichten des Heizmaterials.
Eine Rauchklappe gehört zum Lieferumfang des Rohkamins. Passend zu jedem Rohkamin werden zweiteilige Rauchabzugshauben (Rauchkammern) angeboten, die sich auf den empfohlenen Schornsteinquerschnitt verjüngen. Bei Anordnung des Schornsteins über dem Kamin, wie durch die Rauchabzugshauben vorgesehen, ist ein Abfangen des Schornsteins erforderlich.

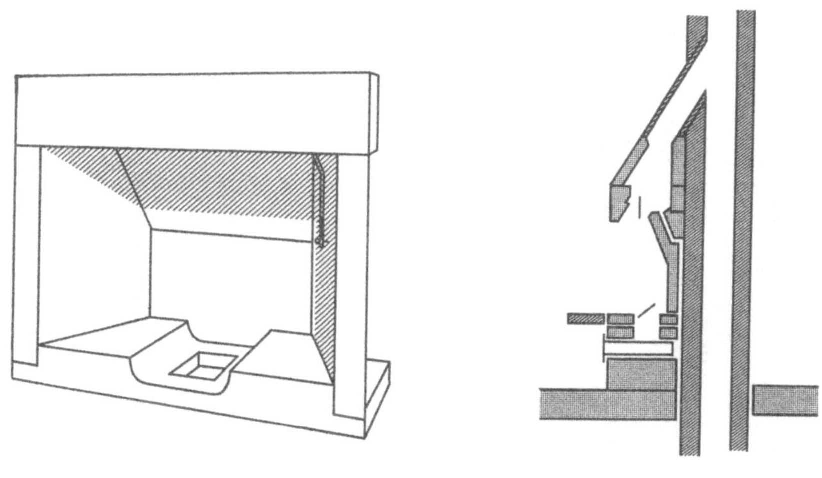

36 Ansicht und Schnitt durch einen Rösler-Kamineinsatz (Openfire). Der Kamineinsatz wird ohne Luftumwälzung geliefert. Vorgewärmte Frischluft sollte gegebenenfalls gesondert zugeführt werden.

Beim Rösler-Norm-Kamin mit zweiseitiger Strahlungsöffnung bestehen der Feuerboden und die Wandsteine aus 7 cm dicken Schamotteplatten, Sturzeisen, Abzugshaube mit Rauchklappe und Umlenkboden aus 3 mm starkem Blech.

Der Rösler-Norm-Kamin mit dreiseitiger Strahlungsöffnung besteht aus zwei vollen Bodenplatten, einer gelochten mittleren Bodenplatte (für Kippdeckel) und drei Wandplatten aus 7 cm dickem Schamotte sowie der Abzugshaube mit Rauchklappe einschließlich Umlenkboden aus 3 mm starkem Blech.
Eine Frischluftzufuhr (vgl. Seite 17 ff.) ist gegebenenfalls gesondert für diesen Kamin vorzusehen.

Snackfüer

Der Snackfüer-Kamin sieht keine Luftumwälzung vor. Er besteht aus nur 4 Teilen aus Schamotte bzw. Feuerbeton. Die Bedienung der Rauchklappe wurde außerhalb des Feuerraumes angeordnet.

Superfire/Heartfire

Der Superfire-Rohkamin (DBP) hat eine hohe zwangsläufige Luftumwälzung. Die Frischluft wird an dem durch das Feuer stark erhitzten Gußmantel des Feuerraums entlanggeführt und mit einer Temperatur zwischen 20 und 60° C an die Raumluft abgegeben. Die Zuführung vorgewärmter Frischluft in ausreichender Menge ist damit sichergestellt. Mit zwei Bedienungsgriffen kann der Luftstrom reguliert werden. Zum Anheizen wird die Frischluft direkt unter die Feuerstelle geführt, was der Wirkung eines Blasebalgs beim Feueranfachen gleichkommt.
Beim Superfire-Rohkamin bestehen der Feuerraum aus einer Verkleidung aus Gußstahl, die Feuerböcke aus Schamotte, alle übrigen Teile mit

37 Ansichten und Schnitt vom Superfire-Rohkamin. Der Superfire-Kamin hat eine zwangsläufige Luftumwälzung zur Zuführung von vorgewärmter Frischluft. Die Frischluft wird hinter der Rückwand aus Gußstahl entlanggeführt, erwärmt und über die seitlichen Austrittsöffnungen an die Raumluft abgegeben (siehe Schemaskizze).

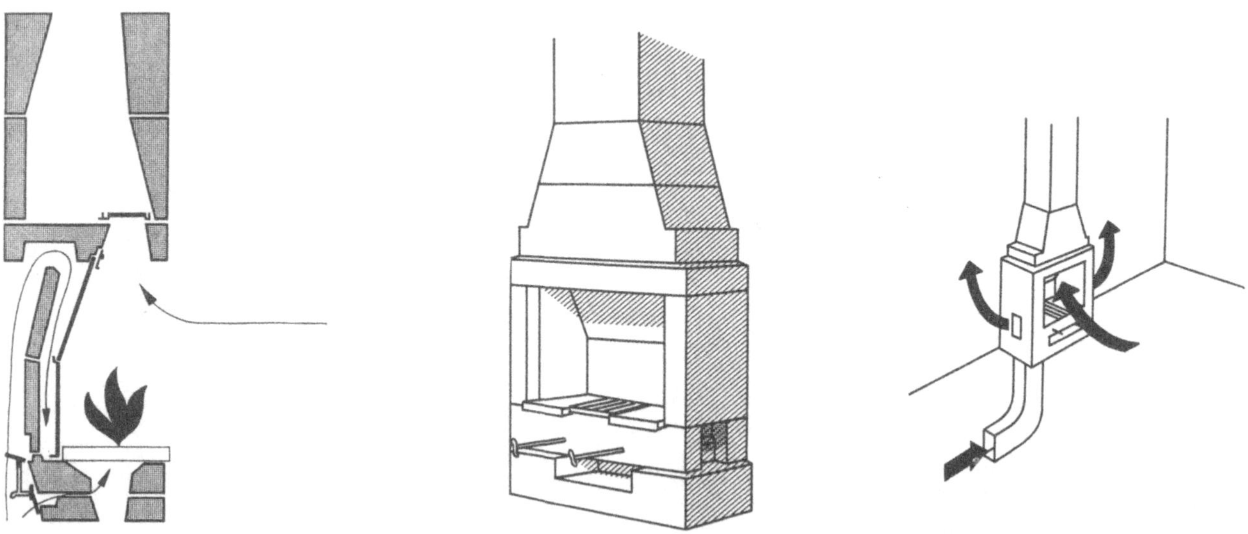

Ausnahme der Bedienungselemente aus Bimsbeton. Zum Lieferumfang des Rohkamins gehören 23 Einzelteile.
Der Typ Heartfire (DBP) ist eine Weiterentwicklung mit verbesserter Heizleistung.
Der Feuerboden besteht aus einer zweiteiligen Grundplatte mit den Luftkanälen, einer Öffnung für die Aschenfallkonstruktion und dem Bedienungsgestänge sowie aus den Feuerböcken und dem Feuerrost. Die Feuerböcke erleichtern ein Aufschichten des Heizmaterials.
Der Superfire-Kamin wird komplett mit Rauchkammer und Rauchklappe geliefert. Bei Anordnung des Schornsteins über dem Kamin ist ein Abfangen des Schornsteins erforderlich. Bei Anordnung des Schornsteins hinter dem Kamin wird der Rohkamin komplett mit Schornsteinanschluß geliefert. Hilfswinkel ermöglichen den Anschluß des Kamins auch an einen neben dem Kamin angeordneten Schornstein.
Beim Superfire G (Außenkamin) erfolgt die Lieferung mit einteiliger Grundplatte und ohne die für die Luftumwälzung notwendigen Elemente sowie ohne Rauchkammer.
Der Superfire-Kamin ist patentiert. Auch bei den anderen in diesem Buch vorgestellten Fertigkaminen handelt es sich in der Regel um geschützte Konstruktionen der angegebenen Hersteller.

Tasso-Kaminofen

Der Tasso-Kaminofen besteht aus Gußstahl mit einer Schamotteauskleidung. Außer in schwarz graphitierter Ausführung wird er auch emailliert in verschiedenen Farben geliefert. Er hat einen Rauchgasabzug von 145 mm ∅ und kann an jeden hinter dem Kamin angeordneten Schornstein angeschlossen werden. Der Tasso-Kaminofen ist sowohl für Holz- als auch für Kohlenfeuerung geeignet.
Eine Frischluftzufuhr ist im allgemeinen nicht erforderlich.

Fertigkamin-Übersicht

Auf den folgenden Seiten wird eine tabellarische Übersicht über verschiedene auf dem Markt befindliche Fertigkamine gegeben. Die Zusammenstellung gibt darüber Aufschluß, für welche Raumgrößen die einzelnen Typen empfohlen werden, wie hoch der Luftbedarf ist und welche Schornsteinquerschnitte zu wählen sind.
Die Preise entsprechen dem Stand vom 15. Dezember 1971 und können sich ändern. Die Hersteller garantieren für einwandfreies Funktionieren der entsprechend den Verarbeitungsanleitungen eingebauten Anlagen.
Nach weiteren Typen erkundige man sich bei den auf Seite 72 angegebenen Herstellern, weil nicht alle lieferbaren Kamineinsätze in dieser Zusammenstellung enthalten sein können.

HERSTELLER/MARKENNAME		BELLFIRES	BELLFIRES	BELLFIRES
TYPE		DELFT 21	DELFT 21VKA	DELFT 25
MATERIAL		SCHAMOTTE	SCHAMOTTE	SCHAMOTTE
		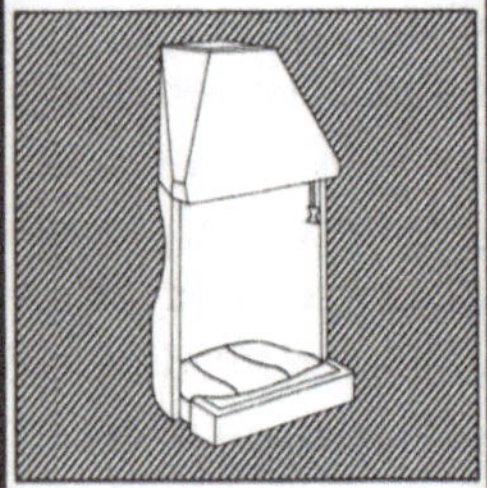	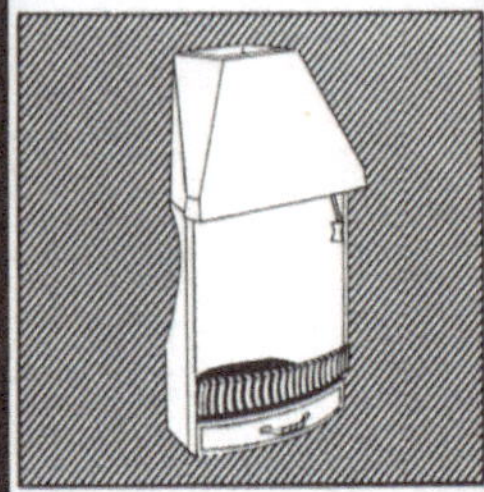	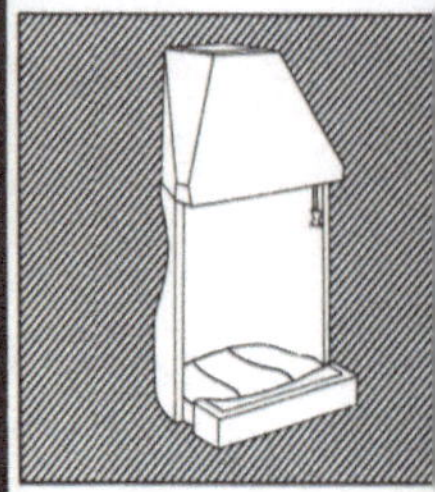
SCHORNSTEIN-QUERSCHNITTE	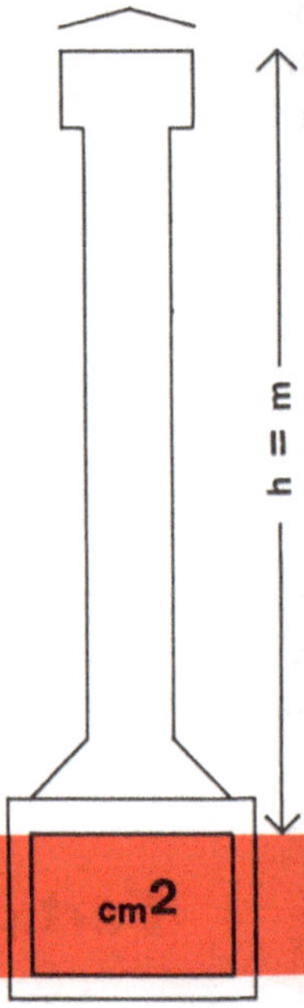			
h = 12,0 m		20 x 20	20 x 20	25 x 25
h = 9,0 m		20 x 20	20 x 20	25 x 25
h = 6,0 m		20 x 20	20 x 20	25 x 25
h = 4,5 m		20 x 20	20 x 20	25 x 25
h = 3,0 m		20 x 20	20 x 20	–
STRAHLUNGSFLÄCHE	cm^2	3136 (56 × 56)	3136 (56 × 56)	4148 (61 × 68)
FRISCHLUFTBEDARF	m^3/h	314	314	415
RAUMGRÖSSE	m^2	40	40	60
	m^3	100	100	150

BELLFIRES DELFT 28 SCHAMOTTE	BELLFIRES HHCS-VKA SCHAMOTTE	BELLFIRES BELL 18 SCHAMOTTE	BELLFIRES BELL 20 SCHAMOTTE	BELLFIRES BELL 24 SCHAMOTTE
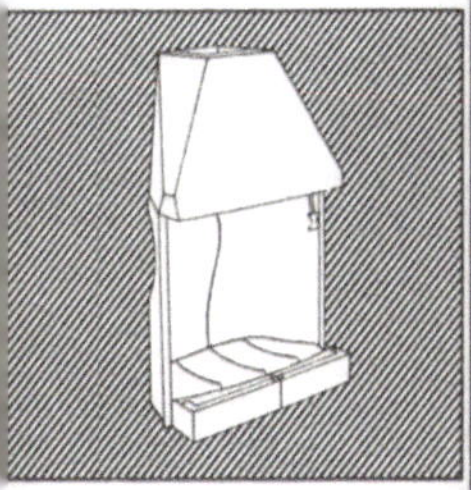	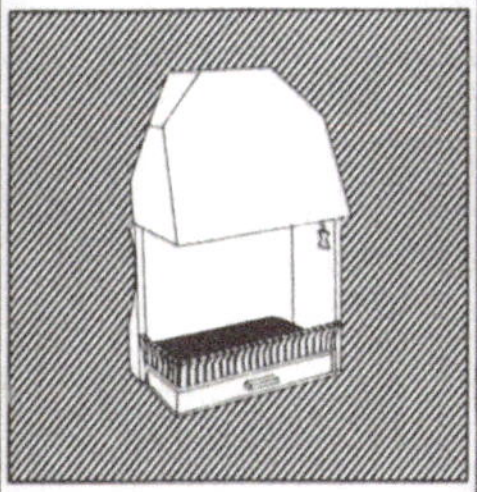	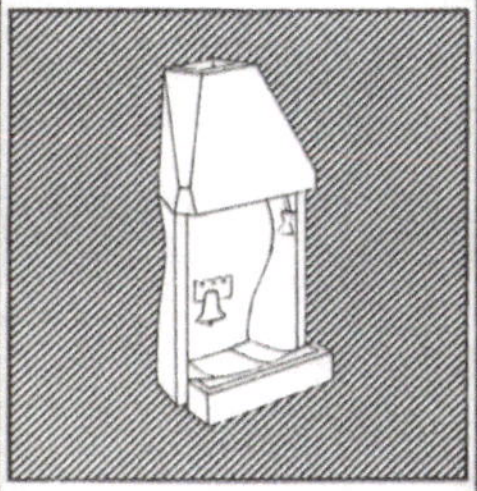		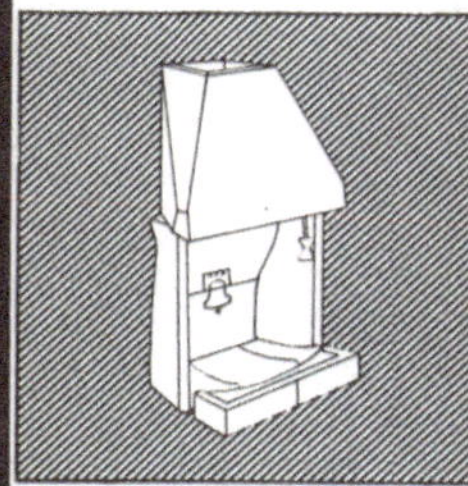
22 x 35	22 x 22	18 x 20	20 x 20	25 x 25
22 x 35	22 x 22	18 x 20	20 x 20	25 x 25
22 x 35	22 x 35	18 x 20	20 x 20	25 x 25
–	22 x 35	18 x 20	20 x 20	–
–	–	–	–	–
‹ 62 › 4836	‹ 45 › 4275	‹ 52 › 2600	‹ 58 › 3306	‹ 57 › 3876
‹ 78 ›	‹ 66 ›	‹ 50 ›	‹ 57 ›	‹ 68 ›
484	430	260	330	388
76	60	40	56	72
190	150	100	140	180

HERSTELLER/MARKENNAME	HONEGGER	HONEGGER	HONEGGER
TYPE	LUNO 1	LUNO 2	LUNO 3
MATERIAL	STAHLBLECH / GUSS	STAHLBLECH / GUSS	STAHLBLECH / GUSS
	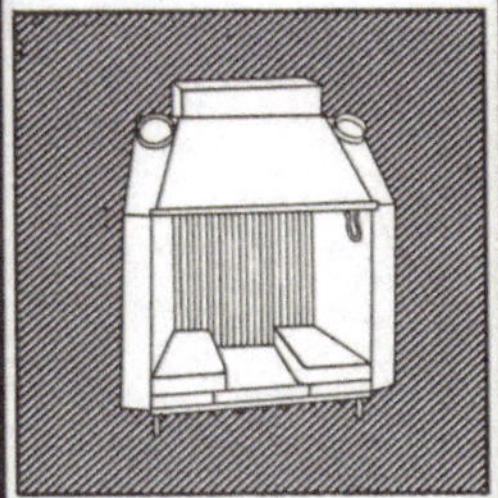		
SCHORNSTEIN – QUERSCHNITTE			
h = 12,0 m	20 x 20	20 x 20	25 x 25
h = 9,0 m	20 x 20	25 x 25	25 x 30
h = 6,0 m	20 x 20	25 x 25	25 x 30
h = 4,5 m	20 x 20	25 x 30	25 x 30
h = 3,0 m	25 x 25	25 x 30	30 x 30
STRAHLUNGSFLÄCHE cm^2	3850	4800	6300
	55 / 70	60 / 80	70 / 90
FRISCHLUFTBEDARF m^3/h	385	480	630
RAUMGRÖSSE m^2	60	76	88
RAUMGRÖSSE m^3	150	190	220

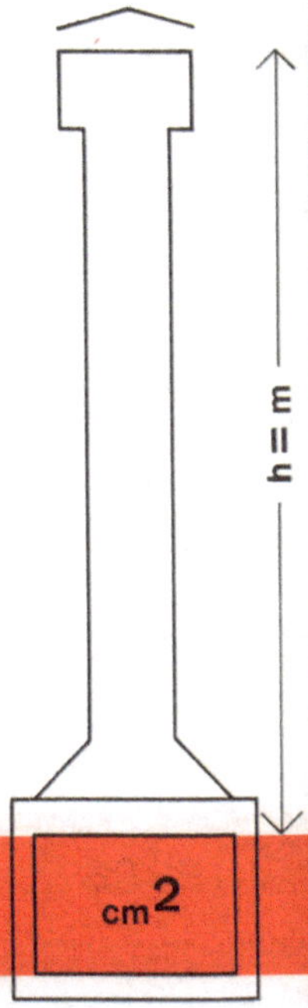

HONEGGER	HONEGGER	HONEGGER	HONEGGER	HONEGGER
LUNO 4	LUNO - 2 - S	NORM 1	NORM 2	NORM 3
STAHLBLECH / GUSS	STAHLBLECH / GUSS	SCHAMOTTE	SCHAMOTTE	SCHAMOTTE
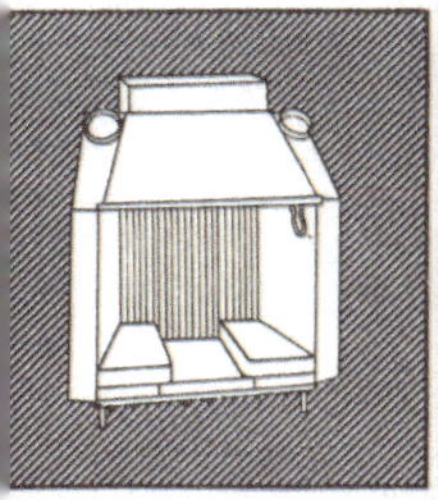	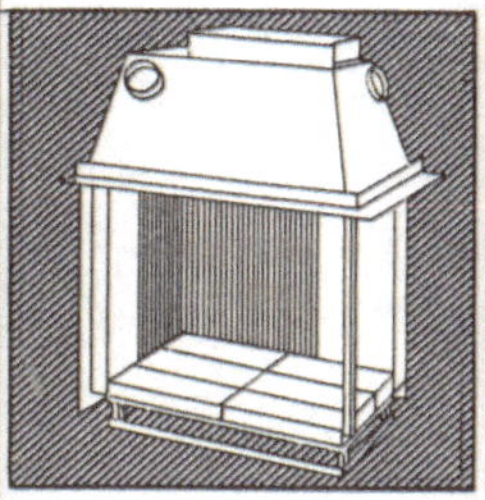	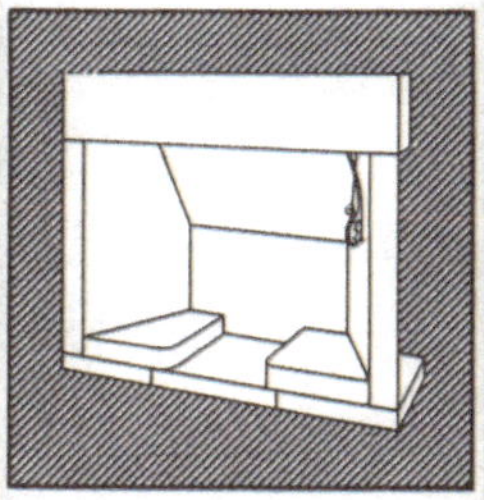	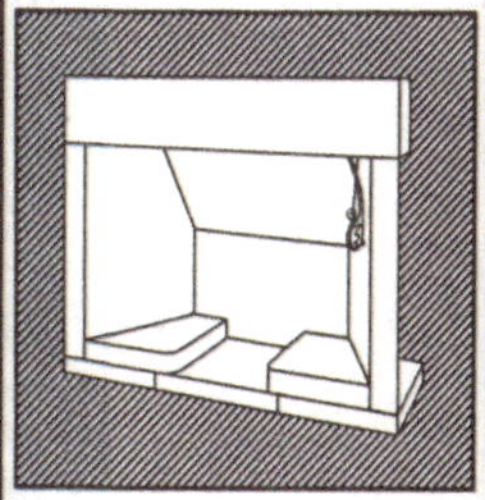	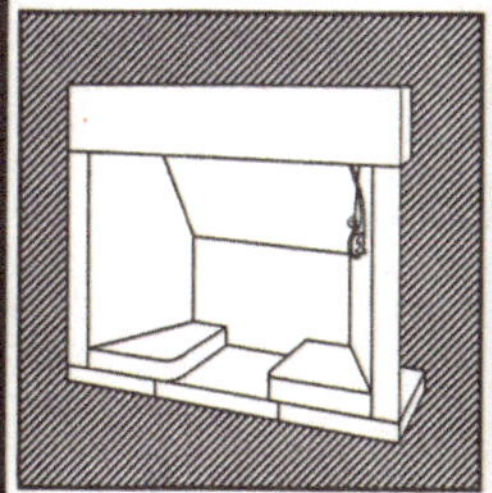
25 x 30	25 x 25	20 x 20	20 x 20	25 x 25
25 x 30	25 x 25	20 x 20	25 x 25	25 x 25
30 x 30	25 x 25	20 x 20	25 x 25	25 x 30
35 x 35	25 x 30	20 x 20	25 x 30	25 x 30
35 x 35	25 x 30	25 x 25	25 x 30	30 x 30
‹ [illegible] › 7500	‹ 60 › 7080	‹ 55 › 3850	‹ 60 › 4800	‹ 70 › 6300
‹ 100 ›	‹ 75 ›	‹ 70 ›	‹ 80 ›	‹ 90 ›
750	708	385	480	630
100	100	60	76	88
250	250	150	190	220

HERSTELLER / MARKENNAME	HONEGGER	HONEGGER	HONEGGER
TYPE	NORM 4	NORM 1 m. Abz. H.	NORM 2 m. Abz. H.
MATERIAL	SCHAMOTTE	SCHAMOTTE	SCHAMOTTE
	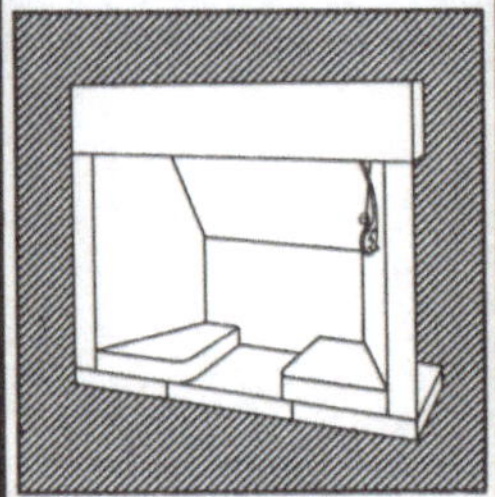	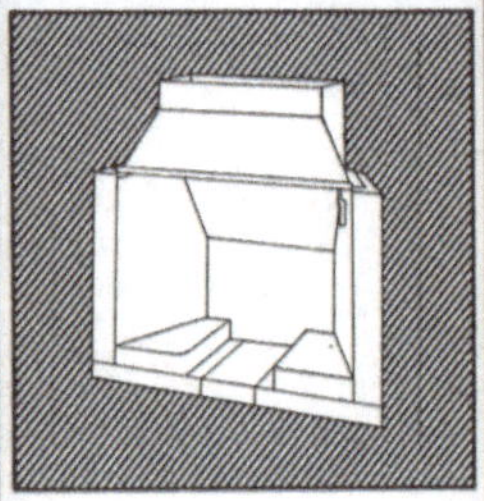	

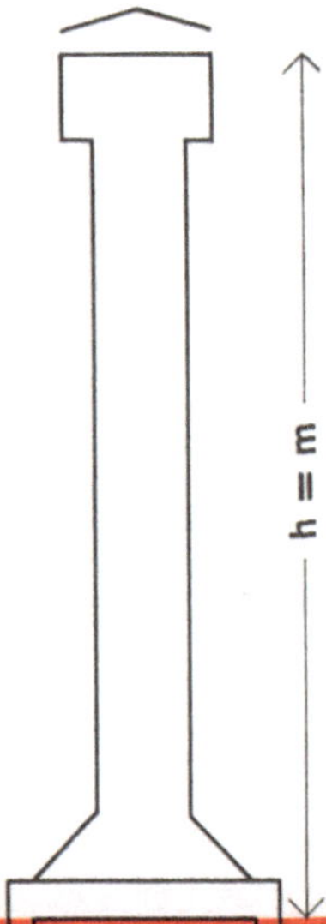

SCHORNSTEIN – QUERSCHNITTE			
h = 12,0 m	25 x 30	20 x 20	20 x 20
h = 9,0 m	25 x 30	20 x 20	25 x 25
h = 6,0 m	30 x 30	20 x 20	25 x 25
h = 4,5 m	35 x 35	20 x 20	25 x 30
h = 3,0 m	35 x 35	25 x 25	25 x 30
STRAHLUNGSFLÄCHE cm^2	7500 (75 / 100)	3850 (55 / 70)	4600 (60 / 80)
FRISCHLUFTBEDARF m^3/h	750	385	480
RAUMGRÖSSE m^2	100	60	76
RAUMGRÖSSE m^3	250	150	190

HONEGGER	HONEGGER	HONEGGER	HONEGGER	KOCKUMS
NORM 3 m. Abz.H.	NORM 4 m. Abz.H.	NORM -2-S/1	NORM -2-S/2	OFEN
SCHAMOTTE	SCHAMOTTE	SCHAMOTTE	SCHAMOTTE	GUSS-STAHL
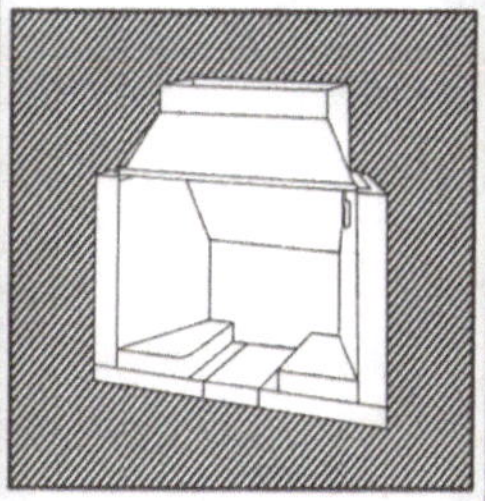	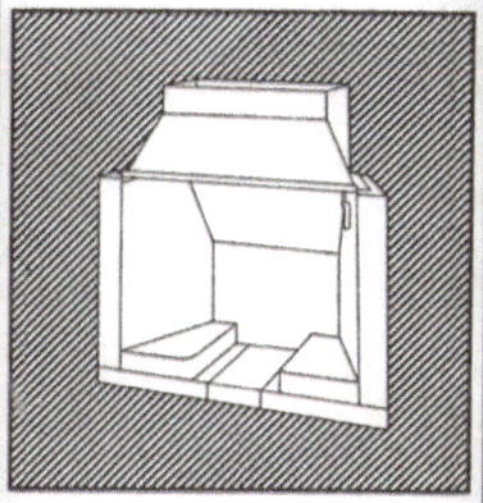			
25 x 25	25 x 30	25 x 25	25 x 25	18 x 18
25 x 25	25 x 30	25 x 25	25 x 30	18 x 18
25 x 30	30 x 30	25 x 25	25 x 30	18 x 18
25 x 30	35 x 35	25 x 30	25 x 30	18 x 18
30 x 30	35 x 35	25 x 30	30 x 30	18 x 18
< 70 > 6300	< 75 > 7500	< 60 > 7080	< 60 > 8580	< 45 > 2250
< 90 >	< 100 >	< 75 >	< 100 >	< 50 >
630	750	708	858	225
88	100	100	100	50
220	250	250	250	125

HERSTELLER / MARKENNAME	KABE	KABE	KABE
TYPE	A 1 eins.	B 1 eins.	zweis. offen
MATERIAL	BETON / SCHAMOTTE	BETON / SCHAMOTTE	BETON / SCHAMOTTE
	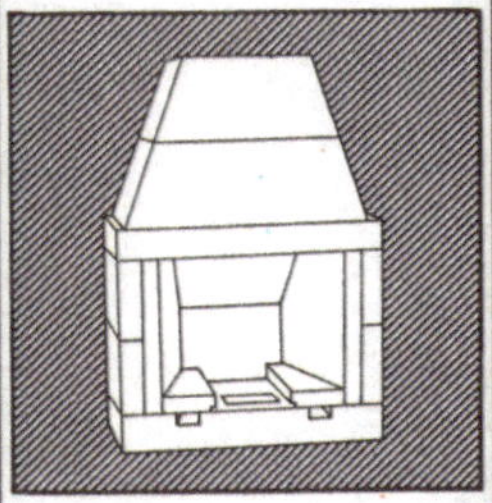	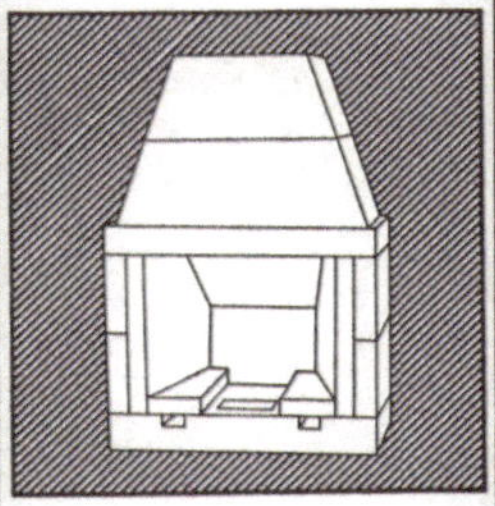	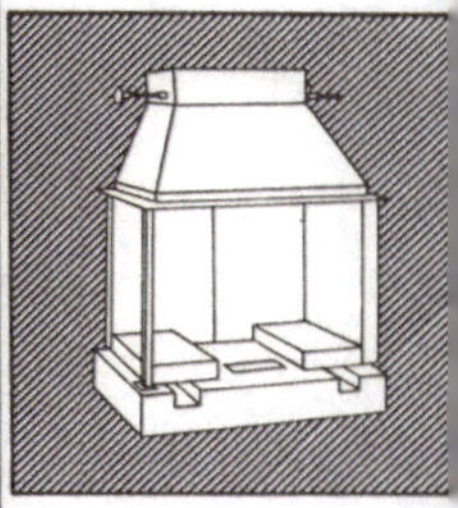
SCHORNSTEIN – QUERSCHNITTE			
h = 12,0 m	20 x 20	25 x 25	20 x 25
h = 9,0 m	20 x 20	25 x 25	20 x 25
h = 6,0 m	20 x 20	25 x 25	25 x 25
h = 4,5 m	20 x 20	25 x 25	25 x 25
h = 3,0 m	25 x 25	30 x 30	30 x 30
STRAHLUNGSFLÄCHE cm^2	3500 (50 × 70)	5850 (65 × 90)	5750 (50 × 75)
FRISCHLUFTBEDARF m^3/h	350	585	575
RAUMGRÖSSE m^2	60	84	80
RAUMGRÖSSE m^3	150	210	200

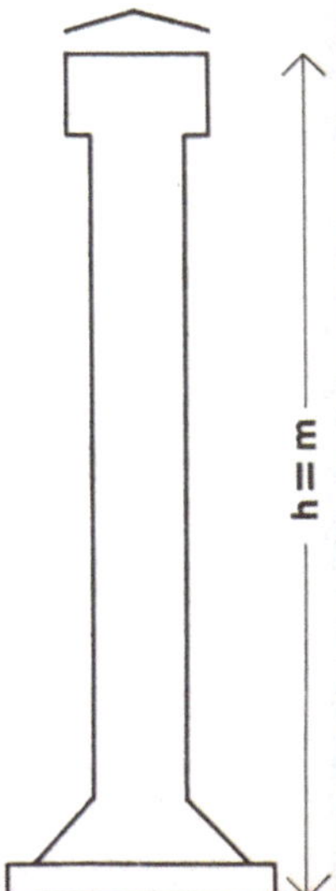

KABE	KABE	KABE	KABE	KABE
dreis. offen	Innenk. aus 1 Stück	A Terrasse	B Terrasse	Terrasse zweis.
BETON / SCHAMOTTE	BETON / SCHAMOTTE	BETON / SCHAMOTTE	BETON / SCHAMOTTE	SCHAMOTTE
	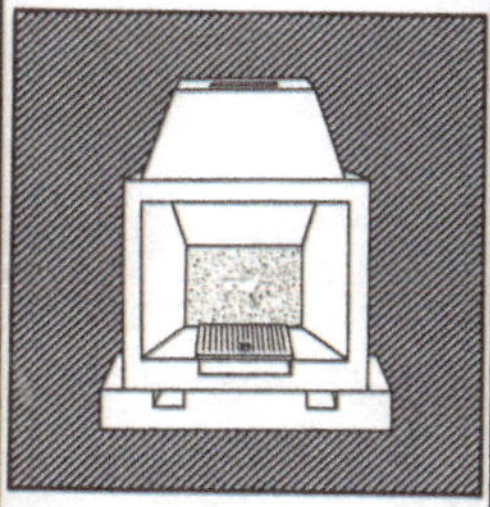			
20 x 20	20 x 20	20 x 20	25 x 25	20 x 25
20 x 25	20 x 20	20 x 20	25 x 25	20 x 25
25 x 25	20 x 20	20 x 20	25 x 25	25 x 25
25 x 30	20 x 20	20 x 20	25 x 25	25 x 25
30 x 30	25 x 25	25 x 25	30 x 30	30 x 30
< 50 > 7750	< 50 > 3500	< 50 > 3500	< 65 > 5850	< 50 > 5750
< 75 >	< 70 >	< 70 >	< 90 >	< 75 >
775	350	–	–	–
100	60	–	–	–
250	150	–	–	–

HERSTELLER / MARKENNAME		LÜNSTROTH	LÜNSTROTH	LÜNSTROTH
TYPE		L2, Gr. 2	L2,Gr. 2 zweis.offen	L2,Gr. 2 dreis.offe
MATERIAL		FEUERBETON / SCHAMOTTE	FEUERBETON / SCHAMOTTE	FEUERBETON / SCHAMOTTE

SCHORNSTEIN – QUERSCHNITTE	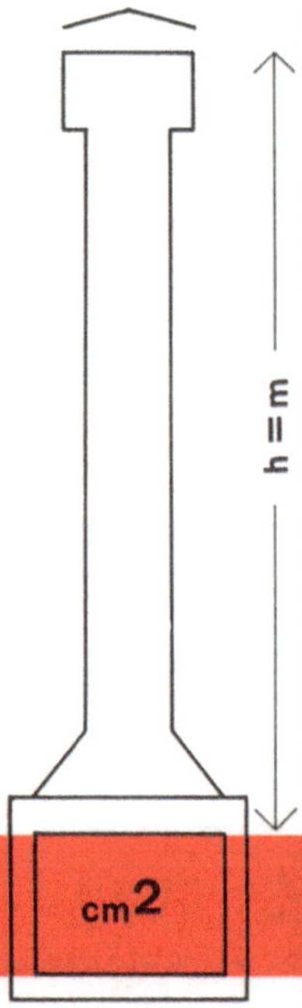			
h= 12,0 m		20 x 20	20 x 20	20 x 20
h= 9,0 m		20 x 20	20 x 20	25 x 25
h= 6,0 m		20 x 20	25 x 25	25 x 25
h= 4,5 m		25 x 25	25 x 30	30 x 30
h= 3,0 m		25 x 25	30 x 30	30 x 30
STRAHLUNGSFLÄCHE	cm^2	4200 (60 × 70)	4680 (60 × 70)	5720 (60 × 70)
FRISCHLUFTBEDARF	m^3/h	420	480	630
RAUMGRÖSSE	m^2	30	40	50
	m^3	75	100	125

LÜNSTROTH	LÜNSTROTH	LÜNSTROTH	LÜNSTROTH
DOVRE N/55	DONBAR 5005	DONBAR 7005	DONBAR Sonderanfertigung
GUSSEISEN	STAHLBLECH	STAHLBLECH	STAHLBLECH
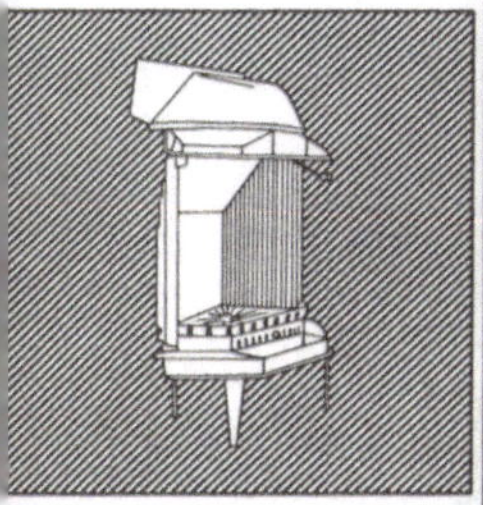	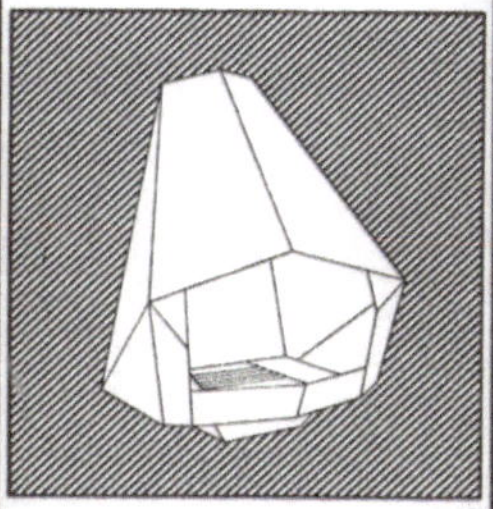	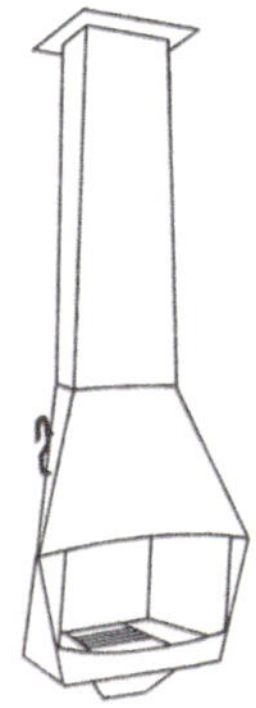	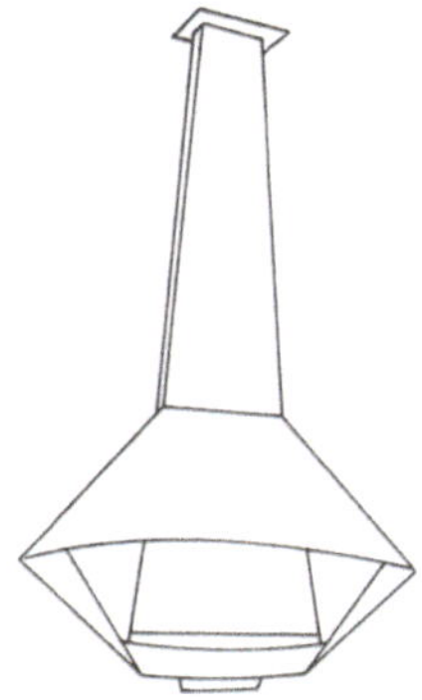
20 X 20	20 X 20	20 X 20	30 X 30
20 X 20	20 X 20	20 X 20	30 X 30
20 X 20	20 X 20	20 X 20	30 X 30
20 X 20	20 X 20	20 X 20	30 X 30
25 X 25	25 X 25	25 X 25	35 X 35
55	35	35	40
3960	2100	2100	4800
72	60	60	120
396	210	210	480
60	20	20	40
150	50	50	100

HERSTELLER / MARKENNAME		OPENFIRE	OPENFIRE	OPENFIRE
TYPE		6555	7555	8555
MATERIAL		SCHAMOTTE	SCHAMOTTE	SCHAMOTTE
		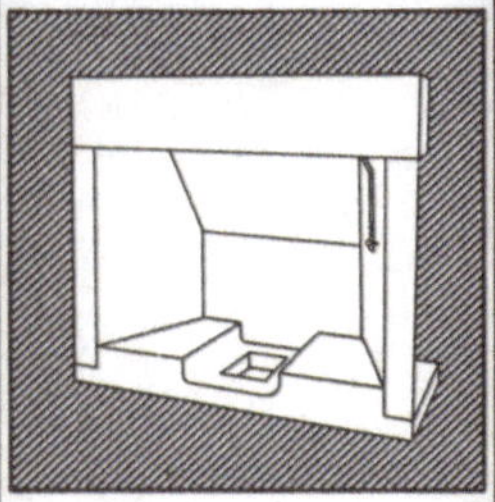		
SCHORNSTEIN – QUERSCHNITTE				
h = 12,0 m		20 x 20	20 x 25	20 x 20
h = 9,0 m		20 x 20	20 x 25	20 x 25
h = 6,0 m	h = m	20 x 20	25 x 25	25 x 25
h = 4,5 m		20 x 25	25 x 25	25 x 25
h = 3,0 m		20 x 25	25 x 25	25 x 25
STRAHLUNGSFLÄCHE	cm^2	< 55 > 3575	< 55 > 4125	< 55 > 4675
		< 65 >	< 75 >	< 85 >
FRISCHLUFTBEDARF	m^3/h	357	410	465
RAUMGRÖSSE	m^2	20	25	40
	m^3	50	62	100

OPENFIRE 9555 SCHAMOTTE	OPENFIRE 9565 SCHAMOTTE	OPENFIRE 12090 SCHAMOTTE	OPENFIRE 275 SCHAMOTTE	OPENFIRE 375 SCHAMOTTE
	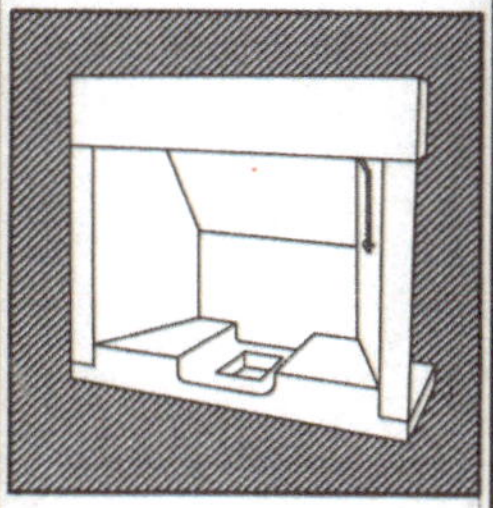	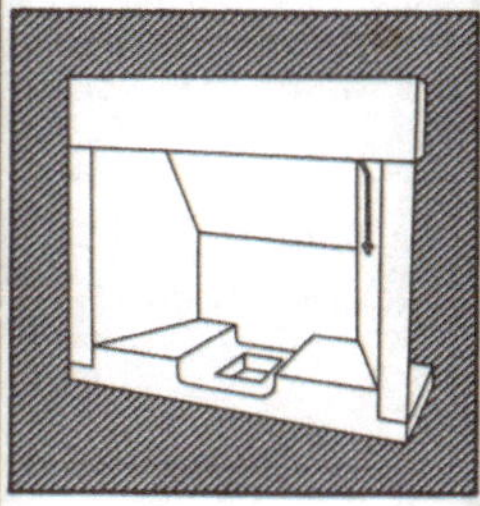		
25 x 25	25 x 25	35 x 35	25 x 30	30 x 30
25 x 25	25 x 25	35 x 35	25 x 30	30 x 30
25 x 25	25 x 25	35 x 35	25 x 30	30 x 30
25 x 30	25 x 30	40 x 40	30 x 30	35 x 40
25 x 30	25 x 30	40 x 40	30 x 30	35 x 40
‹ 55 › 5225	‹ 65 › 6175	‹ 90 › 10800	‹ 62 › 7316	‹ 62 › 9982
‹ 95 ›	‹ 95 ›	‹ 120 ›	‹ 750 ›	‹ 750 ›
520	620	1080	730	990
45	45	80	50	60
110	110	200	125	150

HERSTELLER / MARKENNAME	MORSØ	SUPERFIRE DBP	SUPERFIRE DBP
TYPE	KAMINOFEN	KDS	KDH
MATERIAL	GUSS - STAHL	SCHAMOTTE, GUSS, BIMSBETON	SCHAMOTTE, GUSS, BIMSBETON
		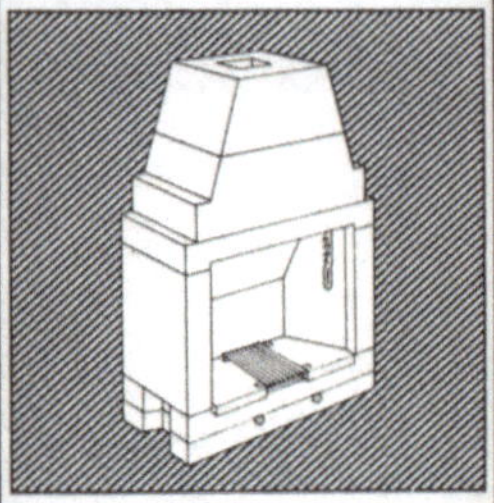	
SCHORNSTEIN – QUERSCHNITTE			
h = 12,0 m	15 x 15	20 x 20	20 x 20
h = 9,0 m	15 x 15	20 x 20	20 x 20
h = 6,0 m	15 x 15	20 x 20	20 x 20
h = 4,5 m	15 x 15	20 x 20	20 x 20
h = 3,0 m	15 x 15	25 x 25	25 x 25
STRAHLUNGSFLÄCHE cm^2	1000 (< 20 > × < 50 >)	3500 (< 50 > × < 70 >)	3500 (< 50 > × < 70 >)
FRISCHLUFTBEDARF m^3/h	100	350	350
RAUMGRÖSSE m^2	16	36	36
m^3	40	90	90

SUPERFIRE DBP	SUPERFIRE DBP	SUPERFIRE DBP	SUPERFIRE DBP	SUPERFIRE DBP
KDE	KNS	KNE	KD-G (Garten)	KN-G (Garten)
SCHAMOTTE, GUSS, BIMSBETON	SCHAMOTTE, GUSS, BIMSBETON	SCHAMOTTE, GUSS, BIMSBETON	SCHAMOTTE, GUSS, BIMSBETON	SCHAMOTTE, GUSS, BIMSBETON
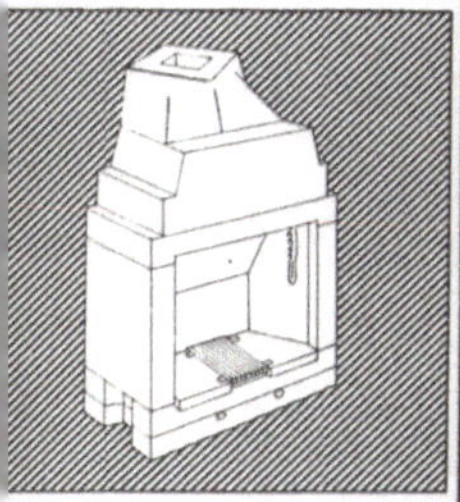	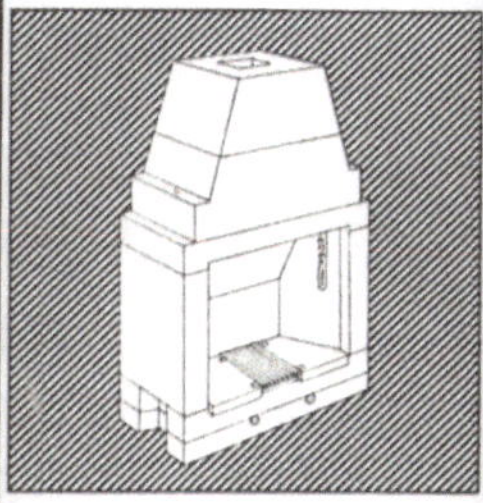	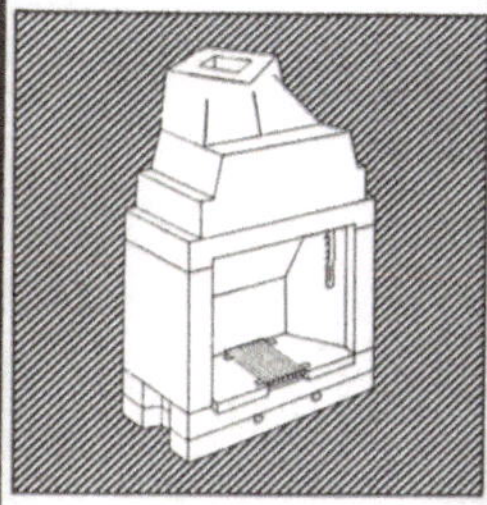		
20 x 20	25 x 25	25 x 25	20 x 20	25 x 25
20 x 20	25 x 25	25 x 25	20 x 20	25 x 25
20 x 20	25 x 25	25 x 25	20 x 20	25 x 25
20 x 20	25 x 25	25 x 25	20 x 20	25 x 25
25 x 25	30 x 30	30 x 30	25 x 25	30 x 30
‹ 50 › 3500	‹ 70 › 6650	‹ 70 › 6650	‹ 50 › 3500	‹ 70 › 6650
‹ 70 ›	‹ 95 ›	‹ 95 ›	‹ 70 ›	‹ 95 ›
350	665	665	–	–
36	48	48	–	–
90	120	120	–	–

Zubehör

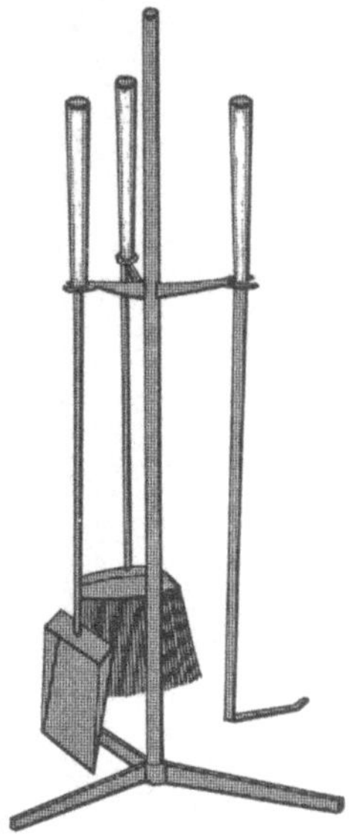

Kamin-Zubehör, auch Kamingerät genannt, wird in der Regel von den Herstellern vorgefertigter Kamine geliefert, ist aber auch in manchen Kunstgewerbegeschäften zu haben. Die romantische Einstellung, die die meisten Menschen zum Kamin haben, spiegelt sich in dem Wunsch nach handwerklich hergestellten Geräten in hergebrachten Formen wider.

Gerätegarnitur

Zur Grundausstattung eines Kamins gehört das dreiteilige oder das vierteilige Kaminbesteck. Das dreiteilige Kaminbesteck besteht aus dem Schürhaken, der Zange und der Schaufel. Beim vierteiligen wird diese Garnitur durch einen Besen ergänzt. Das Kaminbesteck kann an einem Ständer (38) oder an einer Wandkonsole aufbewahrt werden.

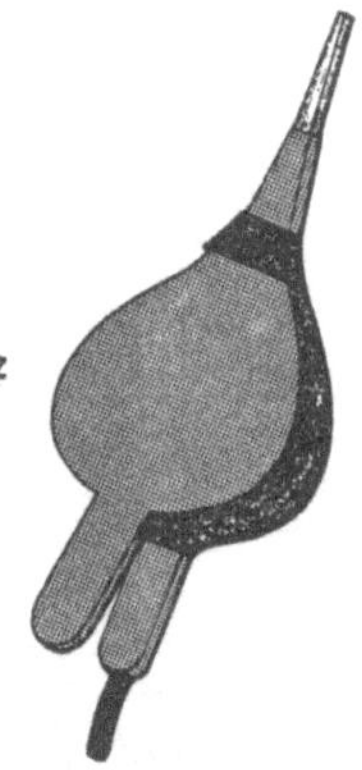

Blasebalg

Zum Anfachen des Kaminfeuers hat sich ein Blasebalg als praktisch erwiesen, weswegen man auch ihn zur Grundausstattung zählen sollte.

Funkenschutz

Des weiteren sollte man nicht auf einen Funkenschutz verzichten. Er kann als Vorstellgitter geliefert, aber auch als Funkenschutzvorhang fest eingebaut werden (18).

Aschenfall

Es gibt vier Wege, die Asche des Kaminfeuers zu entfernen: durch
1. Abkehren des Feuerbodens mit Besen und Schaufel;
2. Abkehren der Asche in eine **Aschenlade** unmittelbar unter dem Feuerboden. Das Einsetzen eines Feuerrostes in den Feuerboden hat sich dafür als zweckmäßig erwiesen;
3. Abkehren der Asche in einen unmittelbar unter dem Feuerboden eingesetzten **Ascheneimer** (Aschenkasten) unter Verwendung eines **Kipprostes.** Gegenüber der Aschenlade nur bei öfterem Inbetriebnehmen des Kamins zu empfehlen;
4. Abkehren der Asche in einen **Schacht** und damit in den Keller, wo die Asche in einem größeren Behälter gesammelt werden kann.

Welche Lösung man zum Entfernen der Asche wählt, hängt wohl in erster Linie davon ab, wie oft der Kamin benützt wird. Zweifellos ist die Aschenfallkonstruktion mit einem Abfallschacht in den Keller am besten und sollte nach Möglichkeit immer angestrebt werden (39).

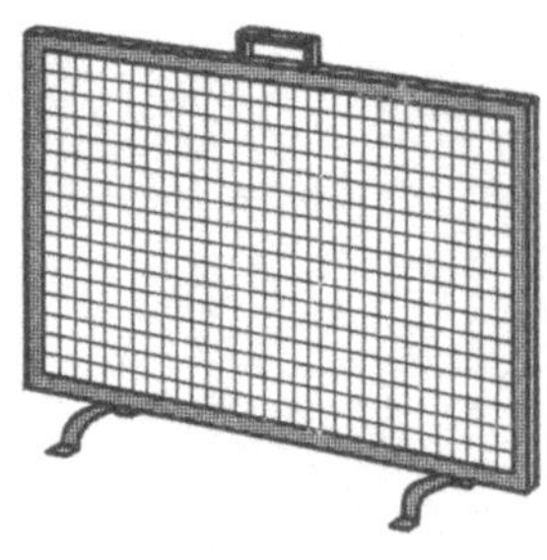

38 Oben: dreiteiliges Kaminbesteck, bestehend aus Schürhaken, Schaufel und Besen; Mitte: Blasebalg; unten: Funkenschutz als Vorstellgitter.

Weiteres Zubehör

Über Geräte zum Grillen wird in dem betreffenden Abschnitt näher eingegangen. Hier nur noch eine kurze Übersicht über weitere nützliche Geräte für das Kaminfeuer, die aber nicht unbedingt erforderlich sind:

Feuerböcke aus Stahl oder Gußstahl oder auch ein **Feuerrost** aus denselben Materialien können zum Aufschichten des Heizmaterials in der Feuerstelle verwendet werden. **Holztrage, Holzwiege** oder **Holzkorb** dienen als Behälter für den Heizmaterialbedarf eines abendlichen Kaminfeuers oder auch zum Heranschaffen einer größeren Menge Brennstoffs (40).

Kamingalgen oder **Kette** benutzt man zum Anhängen von Pfanne oder Kessel und zum Hinein- oder Herausschwenken der Geräte in den Feuerraum.

Abschließend sei hier noch auf die **Kaminjalousie** hingewiesen. Mit der Kaminjalousie kann die Strahlungsöffnung ganz geschlossen werden, auch läßt sich die Strahlungsöffnung bei Bedarf verkleinern. Der Zug kann mit einer solchen Jalousie vorteilhaft reguliert werden. Eine Rauchklappe ist bei Verwendung einer Kaminjalousie nicht erforderlich. Besonders zweckmäßig ist die Jalousie bei Außenkaminen, wenn plötzlich aufkommender Wind zum Verkleinern der Kaminöffnung zwingt, und zum Schließen der Kaminöffnung nach dem Gebrauch oder beim Reinigen des Schornsteins durch den Schornsteinfeger (17).

Einige Probleme werfen die Bedienungselemente für die Rauchklappe auf. Die gebräuchlichste Ausführung ist ein Gestänge im Feuerraum. Vor dem Anfachen des Feuers wird die Rauchklappe geöffnet. Erst nach dem Erkalten des Feuers kann die Klappe wieder geschlossen werden, denn auch das Bedienungsgestänge ist so heiß geworden, daß man die Rauchklappe während des Betriebs nicht mehr bedienen kann. Eine Ausnahme bilden Bedienungshebel, in Höhe der Rauchklappe durch die Verkleidung geführt, die allerdings nur bei freistehenden Kaminen Verwendung finden können.

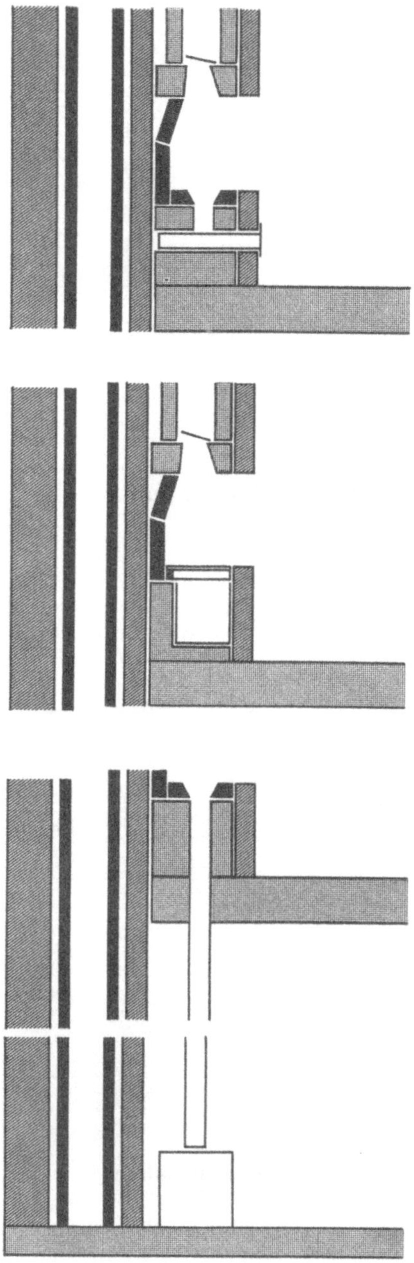

39 (oben) Verschiedene Aschenfallkonstruktionen. Von oben nach unten: Aschenfall in eine Aschenlade, in einen Aschenkasten unmittelbar unter der Feuerstelle, in den Keller.

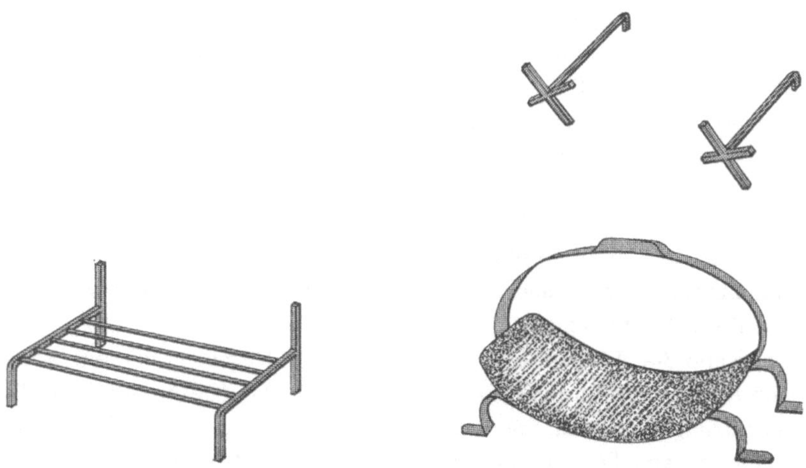

40 (rechts) Feuerroste in verschiedenen Ausführungen und Holztrage.

Das Brennmaterial

Der Kamin ist an sich ein Allesbrenner. In England werden im offenen Kamin, vor allem dann, wenn er die einzige Heizquelle des Hauses ist, sogar Fettkohlen und Steinkohlenbriketts verbrannt, auch Torf und Braunkohlenbriketts, wenn man die Glut die Nacht über in Gang halten möchte. Mit einer Zeitung abgedeckt, bleibt die Glut lange erhalten.

Holz hat den besten Duft

Weichhölzer brennen schnell ab und geben wenig Glut. Harzreiche Nadelhölzer neigen zum Funkensprühen, jedoch verbreiten sie beim Abbrennen einen angenehmen Duft. Deswegen sollte man ruhig ein paar Scheite dieser Hölzer für das Kaminfeuer bereithalten. Am besten eignet sich luftgetrocknetes Hartholz. Birke, Buche, Eiche, aber auch Obsthölzer sind das beliebteste Brennmaterial. Sie brennen mit ruhiger Flamme ab und bilden eine lang anhaltende Glut. Nasses oder zu trockenes Holz ist zu vermeiden. Die Scheite sollten etwa 30 cm lang sein.
Zum Anfachen des Feuers öffnet man als erstes die Rauchklappe, hält dann eine brennende Zeitung in die Rauchkammer, um eine Aufwärtsströmung der im Schornstein stehenden Kaltluft zu erzielen. Der »Zug« wird dadurch in Gang gesetzt. Nun entzünden wir auf dem Feuerboden zunächst trockene Späne, legen stärkere Stücke nach, bis wir schließlich mit dem Auflegen der Holzscheite beginnen können. Das Anfachen des Feuers kann mit einem Blasebalg wirksam unterstützt werden.
Der Duft des brennenden Holzes und das Flackern des Feuers hängen ganz von der getroffenen Auswahl des Brennmaterials ab. Wer über das von der Natur gegebene Flammenspiel hinaus dem Feuer noch mehr Zauber abgewinnen will, kann mit ein paar Chemikalien nachhelfen.

Zauber durch Chemikalien

Strontiumchlorid oder Strontiumnitrat färben die Flamme leuchtend rot, Kupferchlorid grün. Kupfersulfat oder Bariumnitrat lassen das Feuer blau aufglühen. Kalziumchlorid tönt die Flammen orange, Lithiumchlorid macht sie strahlend purpur.
Man kann die Puder direkt ins Feuer streuen. Besser ist es, ein halbes Kilo dieser Salze in fünf Liter Wasser aufzulösen, Kiefernäpfel mit dieser Lösung zu tränken und anschließend trocknen zu lassen. Bei Bedarf wirft man dann diese präparierten Kiefernäpfel in das Feuer.

Vorgefertigte Kaminwände

Auch heute noch werden Kamine in handwerklicher Einzelanfertigung ausgeführt, selbst dann, wenn für den Feuerraum vorgefertigte Elemente verwendet werden. Vor allem die Verkleidung ist Sache der individuellen Gestaltung. Nicht so bei den vorgefertigten Kaminwänden, bei denen ein Wandelement komplett mit allen Einrichtungen einschließlich des Schornsteins und der Verkleidung an die Baustelle geliefert und vor dem Einbringen der Geschoßdecke versetzt wird.
Bis zum Erscheinen dieses Buches ist nur ein Hersteller (Walter Rüegg) bekannt geworden, der sich mit der Ausführung von vorgefertigten Kaminwänden befaßt und zehn verschiedene komplette Elemente zu einem Festpreis liefert.
Der Wunsch nach einem Kamin nimmt beim Eigenheimbau und auch beim Bau von Eigentumswohnungen ständig zu. Gerade hier dürfte parallel mit der Fertigteilbauweise auch dem vorgefertigten Kamin-Wandelement eine besondere Bedeutung zukommen, ebenso beim Bau von Fertighäusern.
Die von der Firma Rüegg hergestellten Kamin-Wandelemente sind 1,50 m breit, 2,42 m hoch und 60 cm tief. Das Gewicht eines kompletten Wandelements beträgt etwa 1 000 bis 1 500 kp. Ein nachträglicher Einbau dieser Kamin-Wandelemente ist also nicht möglich.
Die Kamin-Wandelemente werden mit einseitiger und mit zweiseitiger Strahlungsöffnung geliefert. Im Sockel ist jeweils eine Frischluftzuführung vorgesehen, ebenso die Einbaumöglichkeit für einen Aschenkasten und für einen Funkenschutzvorhang. Das Kamin-Wandelement wird betriebsfertig auf die Baustelle geliefert und mit Hilfe eines Krans versetzt. Lediglich der Schornsteinquerschnitt ist vor dem Einbau abzustimmen, da dieser, wie aus den vorangegangenen Ausführungen ersichtlich, von der wirksamen Schornsteinhöhe abhängig ist.
Vorgefertigte Kaminwände stehen erst am Anfang ihrer Entwicklung. Überall aber, wo Häuser aus Fertigteilen errichtet werden, wäre es nicht rentabel, noch Kamine in konventioneller Bauweise einzuplanen. Hier bieten vorgefertigte Kaminwände erhebliche Vorteile. Es ist zu erwarten, daß ihre Verwendung rasch zunehmen wird, zumal der Komfort dieser Wohnungen dadurch wesentlich gesteigert werden kann.

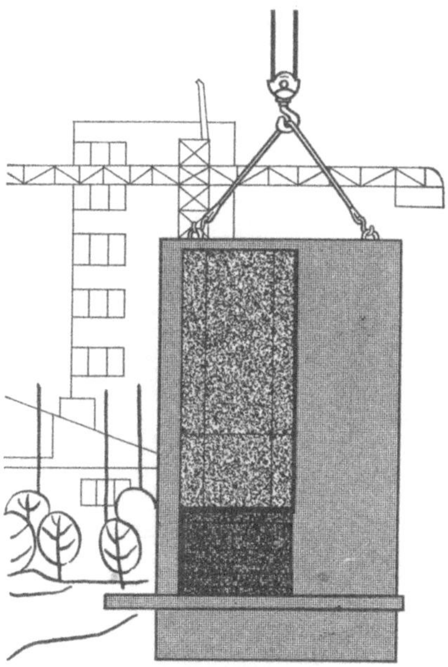

41 Vorgefertige Kaminwände werden betriebsfertig an die Baustelle geliefert und vor dem Einbringen der Geschoßdecken versetzt.

Außenkamine

Außenkamine sind in Ausführung und Betrieb wesentlich unproblematischer als Innenkamine. Vor allem ist die ausreichende Frischluftzufuhr hier kein Problem.
Der offene Kamin im Garten läßt uns den Aufenthalt im Freien an langen Sommerabenden zu einem Erlebnis werden. Gerade in unseren Breitengraden möchten wir die wenige Zeit, die wir unter freiem Himmel – auf der Terrasse oder im Garten – verbringen können, so vollständig wie möglich ausnutzen. Dazu verhilft uns der Außenkamin. Und noch einen weiteren Vorteil hat der Kamin im Freien: er hält den Platz in der Umgebung des Feuers frei von Mücken und anderen Plagegeistern. Denn sosehr wir das flackernde Feuer in den Abendstunden schätzen, so sehr meiden es die Insekten.

Fest installiert oder transportabel

Außenkamine können entweder fest installiert oder transportabel sein. Bei fest installierten Außenkaminen werden die gleichen Materialien verarbeitet wie beim Innenkamin, jedoch entfällt die Luftumwälzung mit allen dazugehörigen Elementen. Die zur Abdichtung der Strahlungsöffnung notwendige Luftmenge holt sich das Kaminfeuer aus der Atmosphäre. Das Kaminfeuer kann allerdings bei Außenkaminen leicht durch starken oder böigen Wind beeinträchtigt werden. Ein Paravent oder eine Jalousie (17) leisten in diesem Fall gute Dienste, um die Strahlungsöffnung gegen den Wind abzuschirmen oder so zu verkleinern, daß das Kaminfeuer dennoch gut weiterbrennt und keine Asche und Glutteilchen in die Umgebung bläst.
Da jeder Kamin je nach Feuerintensität und Heizmaterial eine unterschiedliche Strahlungswärme abgibt, sollte seine Lage so angeordnet sein, daß man mit den Sitzgelegenheiten entweder dichter an das Feuer heranrutschen oder einen so großen Abstand wählen kann, daß die Strahlungswärme als angenehm empfunden wird.
Bei jeder fest umschlossenen Terrasse oder bei einer Sitzecke, deren Abstand sich zum Kamin nicht variieren läßt, wählt man besser einen transportablen Außenkamin, den man je nach der Strahlungsintensität dichter an die Sitzgruppe heranzieht oder aber weiter wegschiebt. Transportable Außenkamine sollten daher entweder mit Rädern oder

mit Tragegriffen versehen sein, so daß sie sich leicht versetzen lassen. Nur so kann der Vorteil des transportablen Außenkamins voll ausgenützt werden, der es auch gestattet, seinen Standort je nach Windrichtung zu verändern.
Vorgefertigte Kamineinsätze für Außenkamine sind im Abschnitt »Systeme« (Seite 26 ff.) beschrieben und in der tabellarischen Übersicht (Seite 34 bis 47) aufgeführt. Transportable Außenkamine werden in verschiedenen Ausführungen angeboten. Sie sind im allgemeinen auch zum Grillen geeignet.
Nachfolgend sind einige lieferbare Modelle beschrieben.

Bellfires Von Bellfires wird ein transportabler Kamin mit der Bezeichnung Port-A-Bell hergestellt. Der Kamin besteht aus doppelwandigem, starkem Stahlblech, mattschwarz emailliert, und hat einen Feuerrost aus Gußstahl, der für alle Brennmaterialien einschließlich Holzkohle geeignet ist. Zum Transportieren verfügt der Kamin über einen Haltering in Höhe der Feuerschale, so daß er auch während der Benutzung versetzt werden kann. Zum Grillen verwendet man am besten einen Grillbock mit Grillrost oder Grillspieß (siehe Bild Seite 116).

Pfrommer Die Firma Pfrommer nennt ihren Gartenkamin Anton. Er ist aus kräftigem Stahlblech, mattschwarz einbrennlackiert, hergestellt und hat eine auswechselbare Flammenwand, die den äußeren Mantel vor Überhitzung schützt, sowie ein Funkensieb im Abzugsrohr. Zwei Tragegriffe am Außenmantel dienen gleichzeitig als Auflager für einen Grillspieß. Zum Grillen kann eine dazu passende Grillspinne (Grillrost) mit Spinnheber geliefert werden.

Schwabengeräte Die Firma Schwabengeräte liefert einen transportablen Gartenkamin unter dem Namen Serenade. Er ist aus starkem, mit Speziallack behandeltem Stahlblech hergestellt und für den Transport sowie zum Aufbewahren während des Winters zerlegbar. Feuerrost und Untersatz mit Geräteablage sind schwarz einbrennlackiert bzw. phosphatiert. »Serenade« hat eine Aufhängevorrichtung für den Grillspieß, der entweder von Hand oder mit Batteriemotor betrieben werden kann. Außer den Drehspießen ist ein Grillrost lieferbar mit entsprechender Halterung, wenn man es nicht vorzieht, einen Grillbock mit Grillrost oder Grillspieß (siehe Bild Seite 116) zu verwenden.

Tasso Der Tasso-Kaminofen wird in emaillierter Ausführung auch als Tasso-Garten-Kaminofen geliefert. Ebenso wie der Kaminofen hat er eine Auskleidung des Feuerraums aus Schamotte. Dazu kommt ein Abzugsrohr, so daß der Ofen überall aufgestellt werden kann. Durch seine Oberflächenbehandlung ist er gegen Witterungseinflüsse geschützt.

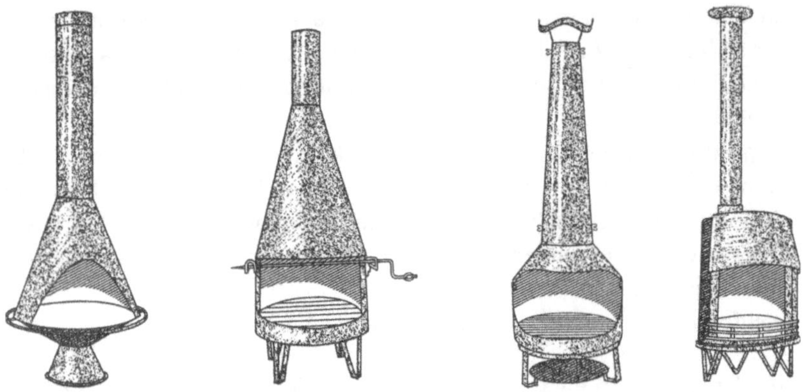

43 Verschiedene transportable Außenkamine. Von links: Bellfires, Pfrommer, Schwabengeräte, Tasso-Kaminofen.

Fest installiert

Die einfachste Form eines Gartenkamins ist das offene Lagerfeuer. Ein paar Steine zu einer Feuerstelle aufgeschichtet, und schon läßt sich mit den Holzscheiten ein wärmendes Feuer entfachen. Das geht gut, wenn es draußen völlig windstill ist. Schon der leichteste Windzug aber treibt den Rauch zur gegenüberliegenden Sitzgruppe, und dann hat die Gemütlichkeit an dieser Seite ein Ende.

Daher geht man immer mehr dazu über, den fest installierten Außenkamin nach den gleichen Prinzipien wie einen Innenkamin zu bauen. Allerdings kann nun die Strahlungsfläche beliebig vergrößert werden, denn Rauchbelästigungen infolge Frischluftmangels treten bei einem Außenkamin niemals auf, sie können nur noch durch Windeinwirkung hervorgerufen werden. Aus diesem Grunde ist auf den Standort eines Außenkamins besonders zu achten. Als vorteilhaft hat sich eine Kombination von Außen- und Innenkamin erwiesen, weil sich die beiden erforderlichen Schornsteine für zwei Kamine als Doppelschornstein zusammenfassen lassen, was sowohl von den Kosten her als auch aus formalen Gründen die beste Lösung darstellt (vgl. hierzu auch die Skizzen auf den Seiten 64 bis 66).

Der günstigste Standort für einen fest installierten Außenkamin ist ebenso wie für einen transportablen Kamin die überdachte Terrasse.

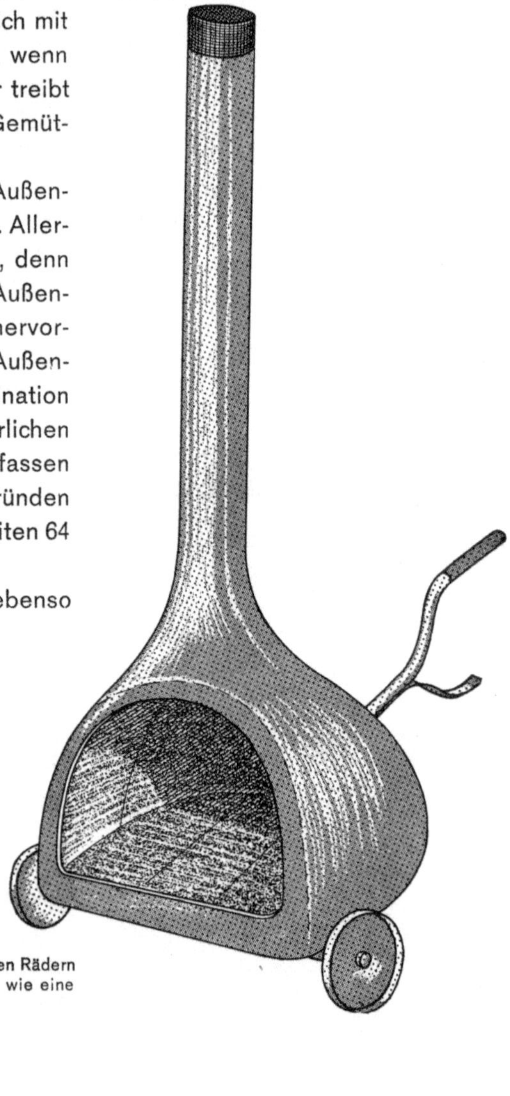

44 Fahrbarer Außenkamin mit Schamotteauskleidung. Mit der Griffstange und den beiden Rädern auch während des Betriebs leicht zu versetzen. Auch ein transportabler Außenkamin wirkt wie eine kommunizierende Röhre. Daher sollte das Rauchabzugsrohr möglichst hoch sein.

Das Grillen

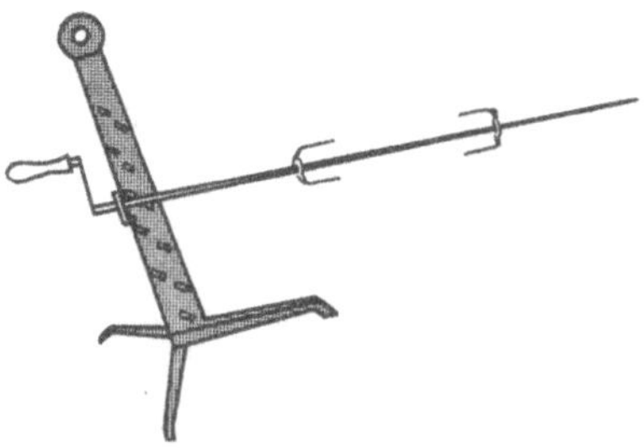

45 Grillbock. Der Grillbock hat den Vorteil, daß er beweglich ist. Einzusetzende Grillgeräte, wie Grillrost (oben) oder Drehspieß (unten), lassen sich in der Höhe verstellen.

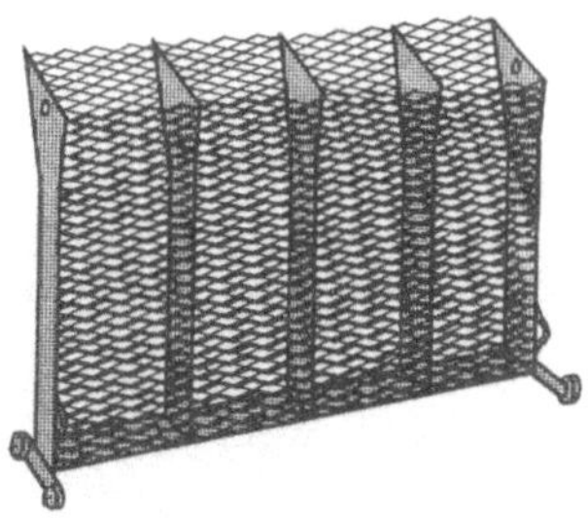

46 Glutkorb zum Grillen großer Bratenstücke. Der Korb wird neben das Grillgut gestellt.

Kann man in einem offenen Kamin auch grillen? Oft stellt man sich diese Frage erst viel später, wenn man vor dem offenen Feuer sitzt und plötzlich Appetit auf eine herzhafte Mahlzeit verspürt. Da jeder Kamin ein Allesfresser ist, läßt sich mit ihm auch ohne weiteres grillen. Für einfache Gerichte, wie zum Beispiel geröstete Maronen, genügt schon das gewöhnliche Holzfeuer. Wenn wir so lange warten, bis die Flammenbildung beendet und der Feuerboden mit einer schönen Glut bedeckt ist, können wir jetzt immerhin schon Würstchen braten oder es mit kleinen Fleischstückchen probieren.

Für richtige Grillgerichte brauchen wir jedoch eine Holzkohlenglut. Erst wenn die Glut am stärksten ist, führen wir das Fleisch darüber, damit sich die Poren schnell schließen und das Fleisch innen saftig bleibt. Da aber die Glut der Holzkohle in der Temperatur nicht konstant ist, sollten wir besondere Grillgeräte oder Vorrichtungen benutzen, mit denen man den Abstand des Grillguts von der Glut verändern kann. Wir regeln auf diese Weise die für das Grillgut erforderliche Temperatur.

Als wichtigste Utensilien zum Grillen am Kamin brauchen wir

1. Holzkohle,
2. Grillbock,
3. Grillrost und
4. Grillspieß.

Damit läßt sich schon einiges anfangen. Für große Fleischstücke (Braten) oder Geflügel brauchen wir außerdem

5. Glutkörbe, die neben das Grillgut gestellt werden, und
6. Soßenschalen zum Auffangen des Fleischsaftes oder Fettes.

Jetzt wären wir so weit ausgerüstet, daß wir eine Vielzahl von Grillgerichten am häuslichen Kamin zubereiten können.

Holzkohle

Die Holzkohle zum Grillen sollte nicht aus zu kleinen Stücken bestehen, damit die Glut länger anhält. Zum Anzünden verwendet man einen Spezialanzünder oder, bei vorsichtigem Umgang, auch Brennspiritus. Da die Holzkohle eine hohe Temperatur entwickelt, sollte der Feuerboden unbedingt aus Schamotte bestehen. Gut geeignet sind jedoch auch Glutkörbe, die auf Feuerböcke gestellt werden.

Grillbock

Der Grillbock hat sich als ein einfaches und dennoch sehr praktisches Gerät zum Grillen erwiesen. Von den Zapfen oder Aussparungen des Grillbocks werden die Bratgeräte gehalten; sie lassen sich in der Höhe bequem verstellen. Durch Schwenken oder Verschieben des Grillbocks kann man den Abstand zur Glut beliebig verändern. Der besondere Vorteil dieses Gerätes ist es, daß es nicht fest montiert wird und sich überall da aufstellen läßt, wo es gerade gebraucht wird, zum Beispiel zum abwechselnden Grillen am Innen- und am Außenkamin (45).

Grillrost

Der Grillrost wird zum Grillen von Würstchen, der verschiedensten Fleischgerichte – auch Spießchen –, von Fischgerichten sowie von Gemüse (Mais) verwendet. Mit einem Stiel und Haltegriff versehen, kann der Grillrost in den Grillbock eingesetzt werden (45).

Grillspieß

Den Grillspieß brauchen wir für größere Fleischstücke und für Geflügel, wenn das Grillgut von allen Seiten gleich gut gar werden soll. Wir können den Grillspieß mit der Hand drehen (45), ihn jedoch auch mit einem Elektromotor für Batterie- oder Netzanschluß betreiben, wenn uns das Drehen des Spießes auf die Dauer zu lästig wird.

Glutkorb

Bei großen Bratenstücken und bei Geflügel werden wir mit dem Grillspieß allein nicht mehr auskommen. Fett und Fleischsaft würden in die Glut tropfen und die Glut entweder beeinträchtigen oder zum Aufflammen bringen. Deshalb nehmen wir zum Grillen großer Bratenstücke und Geflügel den Glutkorb, der mit entsprechendem Abstand senkrecht neben das Grillgut gestellt wird (46).

Soßenschale

Zum Auffangen von Fett und Fleischsaft verwenden wir eine Soßenschale. Geflügel können wir mit dem aufgefangenen Fett immer wieder übergießen; dadurch erhalten wir das Fleisch saftig und knusprig zugleich (47).

Wer aber in der Grillkunst schon weiter fortgeschritten ist, dem sei der Grillkamin empfohlen, der eine bessere Ausnützung der Holzkohlenglut ermöglicht. Er sollte zum bequemeren Hantieren einen höheren Sockel erhalten. Zum häuslichen Grillen wird man eine Sockelhöhe von 40 bis 50 cm wählen, die immerhin noch geeignet ist, ab und zu ein Kaminfeuer im Grillkamin anzuzünden. Ein breiter Sims vor dem Feuerboden zum Abstellen des Grillbocks, der anderen Grillgeräte und der Grillzutaten ist zweckmäßig.

Für häufiges Grillen am Kamin sei abschließend noch auf die bewährte Bratkombination AHZ hingewiesen. Hauptbestandteil dieser Bratkombination ist die Bratsäule, an der sich sämtliche Grillgeräte und Bratapparate (Bratengrill, Bratenspieß, Elektromotor, Bratrost, Koch-, Maronipfanne, Raclettehalter) befestigen lassen.

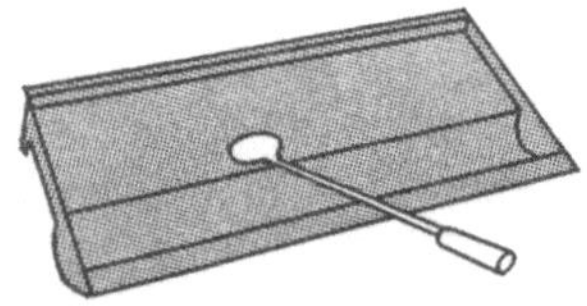

47 Soßenschale zum Auffangen von Fett und Fleischsaft. Unentbehrlich zum Grillen von großen Bratenstücken und Geflügel.

Norm-Grill-Feuerraum AHZ

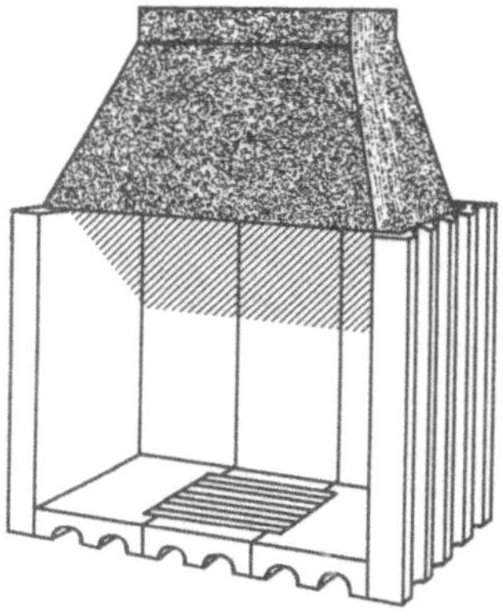

Der von Honegger hergestellte Grill-Feuerraum weicht von der üblichen Kaminausführung dadurch ab, daß die Seitenwände nicht schräg, sondern im rechten Winkel angeordnet sind und auch die Rückwand senkrecht aufgeführt ist. Während die schräggestellten Seitenwände eines Kamins die beste Wärmeabstrahlung in den Raum ergeben, bringt der rechtwinklige Grundriß optimale Ausnützung der Hitze für das Grillgut. Dennoch weist auch der Norm-Grill-Feuerraum AHZ alle Merkmale eines offenen Kamins auf, so daß er, trotz geringerer Wärmeabstrahlung, ebenso als Kamin verwendet werden kann.
Der Grill-Feuerraum besteht aus einzelnen Schamotteplatten, die im Baukastensystem zum Feuerraum zusammengesetzt werden. Zwei eingelegte Gußroste für den Aschenfall und eine Rauchkammer aus Stahlblech mit eingebauter Rauchklappe gehören zum Lieferumfang.
Eine Frischluftzufuhr (vgl. Seite 17 ff.) ist gegebenenfalls gesondert vorzusehen.

Florida-Gartengrill

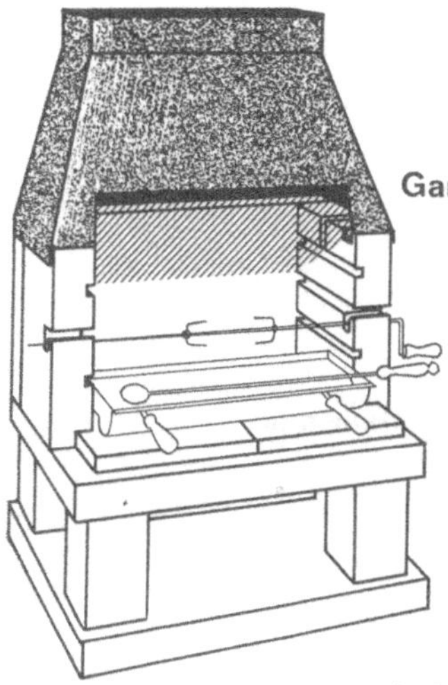

Der Florida-Gartengrill ist ausschließlich zum Grillen im Freien gedacht. Er besteht aus 9 Bauelementen aus Beton. Die Sockelplatte und der untere Teil der Rückwand werden nach dem Versetzen (ohne Mörtel) mit Schamottesteinen ausgekleidet. In den Seitenwänden befinden sich Aussparungen, in die ein passender Grillrost mit zwei Haltegriffen in verschiedenen, abgestuften Höhen eingeschoben werden kann. Besondere Aussparungen erlauben das Auflegen eines Grillspießes an der Vorderseite des Florida-Gartengrills.
Passend zum Florida-Gartengrill kann eine Abzugshaube aus spritzverzinktem und geschwärztem Stahlblech mit einem Verschlußdeckel geliefert werden.

Lukull-Grill

Der Lukull-Grill ist ebenfalls nur zum Grillen im Freien bestimmt. Er besteht im wesentlichen aus dem Feuerboden, zwei Seitenwänden und einer Rückwand. In den beiden Seitenwänden befinden sich drei Nuten zum Einschieben eines Grillrostes. Dadurch kann der Grillrost je nach Glut und Grillgut in der Höhe verstellt werden.
Der Grill verbleibt das ganze Jahr über im Freien. Er sollte einen möglichst windgeschützten Standort haben.

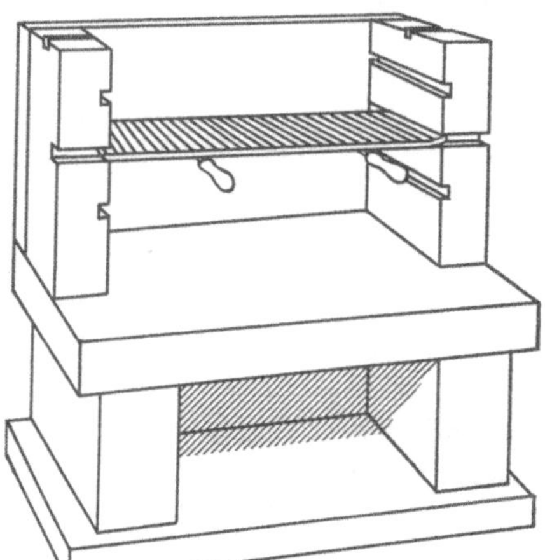

48 (oben) Grill-Fertigkamin von Honegger zum Grillen im Raum.

49 (Mitte) Gartengrill von Honegger. Viele dazu passende Geräte machen diesen Gartengrill zu einer Kochgelegenheit für höchste Ansprüche und alle Gelegenheiten.

50 (unten) Lukull-Gartengrill von Openfire. Der Grill ist leicht aufzustellen und zu bedienen.

Der Standort

Werden alle Faktoren berücksichtigt, die zu einem guten Funktionieren des Kamins führen, dann sind auch die Möglichkeiten für die Wahl des günstigen Standorts schon vorbestimmt und weitgehend eingeschränkt.

An der Innenwand

Der Platz an einer Innenwand ist im allgemeinen günstiger als an einer Außenwand, weil ein Schornstein an der Innenwand einen besseren Zug hat. Die Innenwand gegenüber der Fensterwand scheidet als günstiger Standort für den Kamin aus. Denn trotz dicht schließender Fenster läßt sich eine Konvektion von der Fensterwand zum Kaminfeuer nicht vermeiden. Unerwünschte Zugerscheinungen treten in diesem Bereich am häufigsten auf.

An der Außenwand

Ein Standort an der Außenwand bietet dagegen Vorteile in bezug auf die Frischluftzuführung für einen Kamin mit Luftumwälzung. In diesem Fall ist auf eine gute Isolierung des Schornsteins zu achten. Gerade bei einer Außenwand sollte man stets einen Kamin mit kleinem Feuerraum wählen, um hohe Rauchgastemperaturen zu erzielen.
Ein Standort für den Kamin an der Fensterwand ist dem an einer Außenwand gleichzusetzen. Die Frage ist allerdings, ob die Dachform des Hauses diesen Standort erlaubt bzw. günstig erscheinen läßt.

In Raummitte

Ein vorteilhafter Platz für den Kamin ist zweifellos auch die Raummitte. In Raummitte haben wir gut vorgewärmte Schornsteinwandungen, die den Zug verbessern. Der Kamin läßt sich als Raumteiler in die Gesamtkonzeption einbeziehen, kann aber auch zum Mittelpunkt des Raums werden.
Für die Darstellung möglicher und günstiger Standorte für den Innenkamin (Seite 61 ff.) wurde ein einfacher, vergleichbarer Grundriß gewählt mit einer Außenwand, zwei Innenwänden und einer Fensterwand. Eine Beurteilung der Standorte wird durch die Bildlegenden gegeben.

Standort des Außenkamins

Der günstigste Standort für einen Außenkamin dürfte wohl eine überdachte Terrasse sein, weil im Freien stets mit plötzlich aufkommenden Winden zu rechnen ist; es wäre schade, wenn schon der leiseste Windzug das gemütliche Kaminfeuer beeinträchtigen könnte. Neben den Beispielen für den Standort eines Kamins auf einer überdachten Terrasse werden jedoch auch Beispiele dafür gegeben, welche Standorte eines Außenkamins in Verbindung mit dem Haus noch günstig sind, auch wenn Störungen durch Windeinwirkung nicht ausgeschlossen werden können.

Transportable Kamine

Im Freien haben die transportablen Außenkamine die größten Vorzüge aufzuweisen. Man wählt sich je nach Windrichtung und örtlichen Gegebenheiten den günstigsten Standort für die jeweilige Tages- oder Jahreszeit, Sitzgelegenheiten möglichst mit dem Rücken zur Wand, stellt den Kamin davor auf und setzt ihn in Gang. Der Abstand vom Kamin richtet sich nach der Strahlungsintensität und der Temperatur, wie sie individuell am günstigsten empfunden wird.

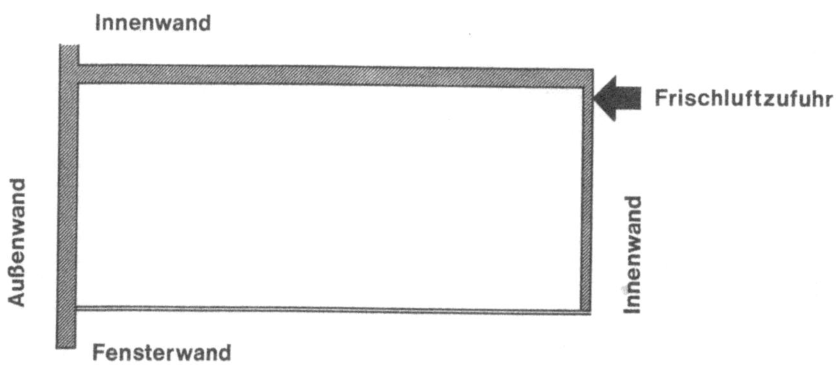

51 Für die Erläuterung möglicher und günstiger Standorte für einen Kamin wurde ein einfacher und in allen folgenden Beispielen einheitlich dargestellter Grundriß gewählt. Für die Legenden wurden die obenstehenden Bezeichnungen verwandt.

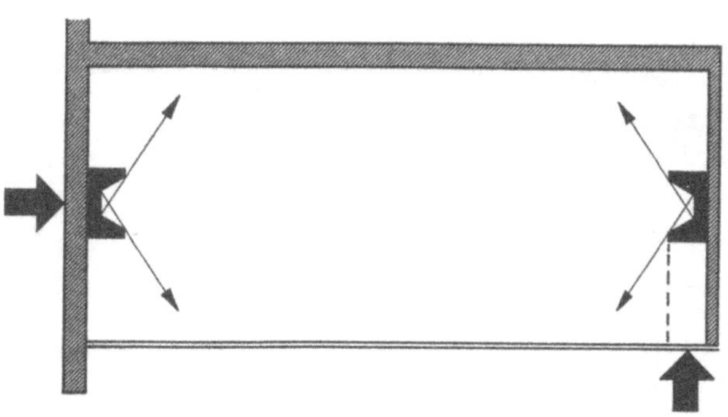

52 Kamin mit einseitiger Strahlungsfläche. Wandkamin. Günstig an Stirnseite des Raums. An Außenwand Luftzuführung durch Außenwand, an Innenwand Frischluftzufuhr durch gesonderten Kanal.

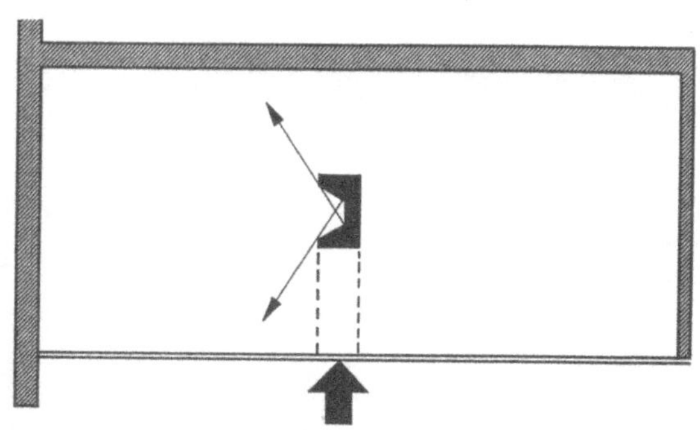

53 Kamin mit einseitiger Strahlungsfläche. Freistehend. Günstig in Raummitte, Frischluftzuführung durch gesonderten Kanal. Oft in raumteilendes Element einbezogen.

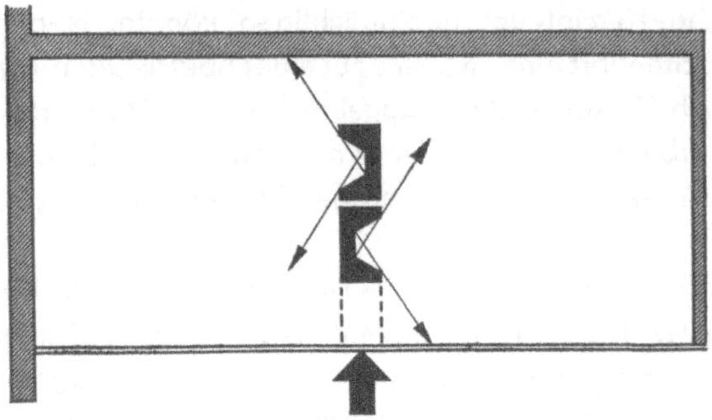

54 Kamin mit einseitiger Strahlungsfläche. Kombiniert. Günstig in Raummitte, Frischluftzufuhr durch gesonderten Kanal.

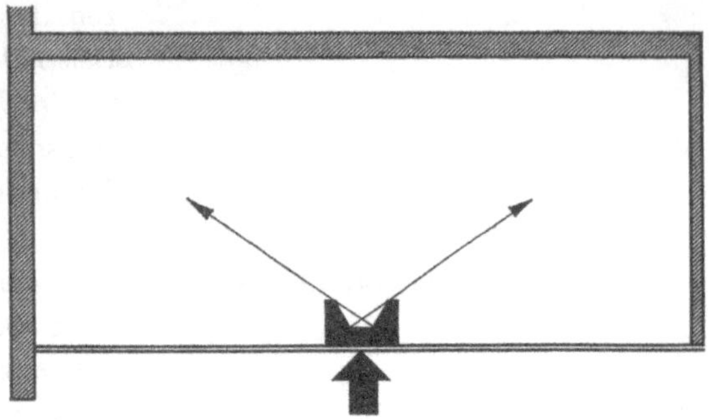

55 Kamin mit einseitiger Strahlungsfläche. Frei stehend an Fensterwand. Günstig. Frischluftzufuhr von außen.

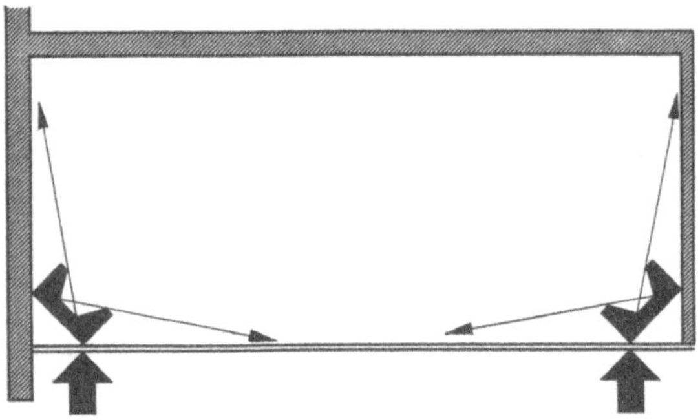

56 Kamin mit einseitiger Strahlungsfläche. Wandkamin. Günstig. Eckkamin an Fensterwand. Formal selten befriedigend. Frischluftzufuhr von außen in beiden Fällen möglich.

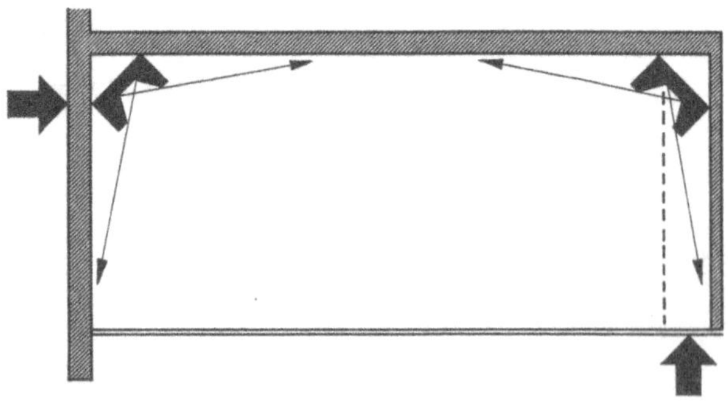

57 Kamin mit einseitiger Strahlungsfläche. Wandkamin. Noch günstig. Eckkamin an Innenwand. Frischluftzufuhr von außen oder durch gesonderten Kanal. Zugerscheinungen nicht ausgeschlossen.

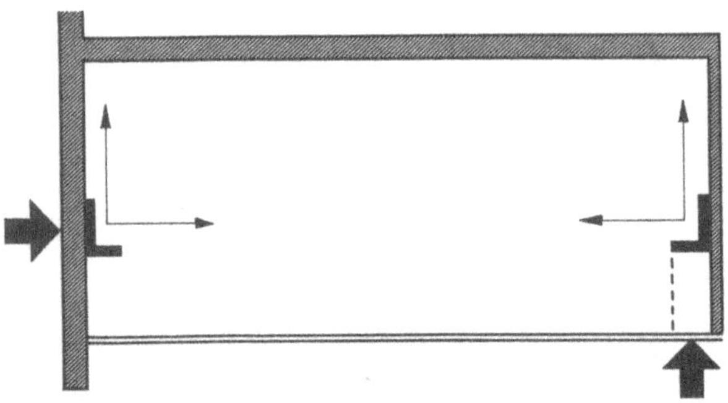

58 Kamin mit zweiseitiger Strahlungsfläche. Wandkamin. Günstig. Frischluftzufuhr bei Kamin mit Luftumwälzung von außen oder durch gesonderten Kanal, sonst Frischluftzufuhr durch Heizlüfter.

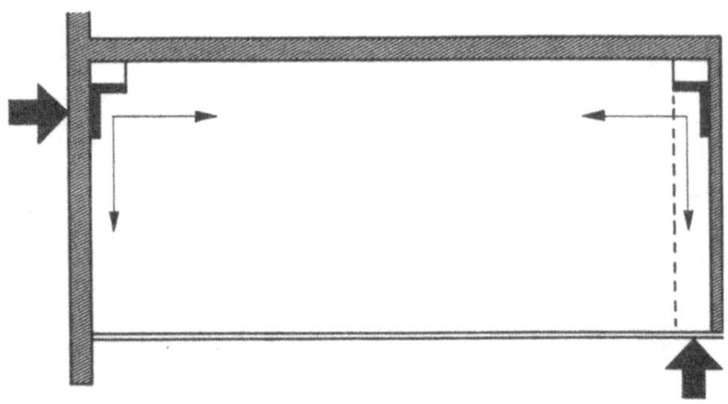

59 Kamin mit zweiseitiger Strahlungsfläche. Wandkamin. Weniger günstig. Frischluftzufuhr bei Kamin mit Luftumwälzung von außen oder durch gesonderten Kanal, sonst durch Heizlüfter. Zugerscheinungen möglich.

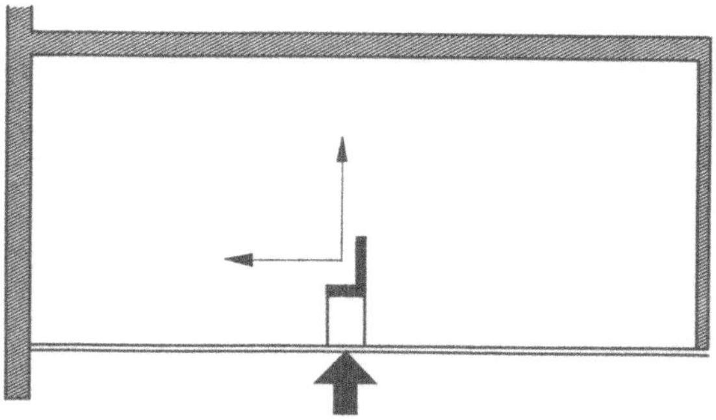

60 Kamin mit zweiseitiger Strahlungsfläche. Frei stehend. Günstig. Frischluftzufuhr bei Kamin mit Luftumwälzung durch gesonderten Kanal, sonst Frischluftzufuhr durch Heizlüfter.

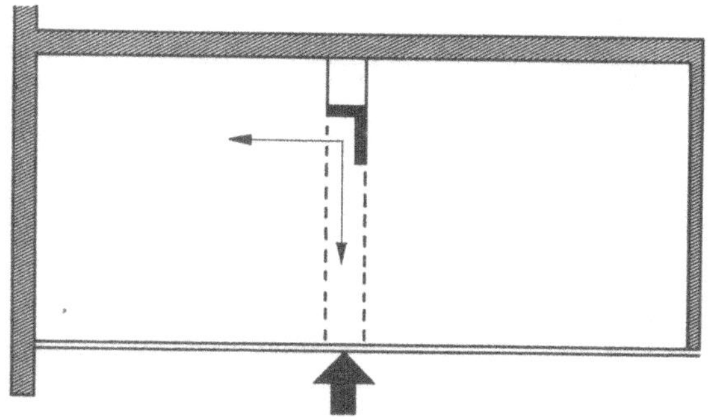

61 Kamin mit zweiseitiger Strahlungsfläche. Wandkamin. Weniger günstig. Frischluftzufuhr bei Kamin mit Luftumwälzung durch gesonderten Kanal, sonst durch Heizlüfter. Zugerscheinungen nicht ausgeschlossen.

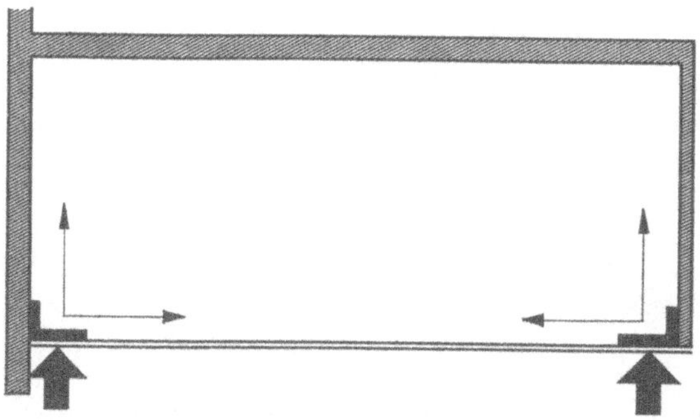

62 Kamin mit zweiseitiger Strahlungsfläche. Wandkamin. Günstig. Frischluftzufuhr bei Kamin mit Luftumwälzung von außen, sonst durch Heizlüfter. Läßt sich an dieser Stelle gut mit Außenkamin kombinieren.

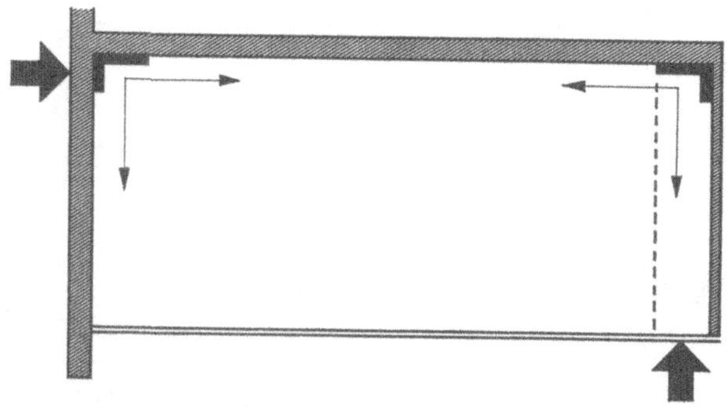

63 Kamin mit zweiseitiger Strahlungsfläche. Wandkamin. Noch günstig. Frischluftzufuhr bei Kamin mit Luftumwälzung von außen oder durch gesonderten Kanal, sonst durch Heizlüfter. Zugerscheinungen möglich.

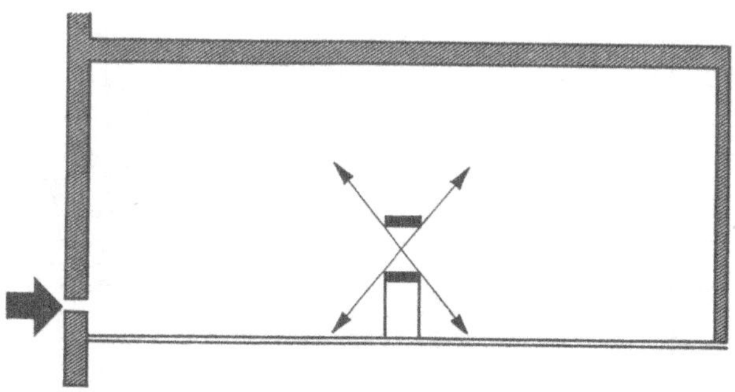

64 Kamin mit zweiseitiger Strahlungsfläche. Frei stehend. Noch günstig. Frischluftzufuhr durch Heizlüfter.

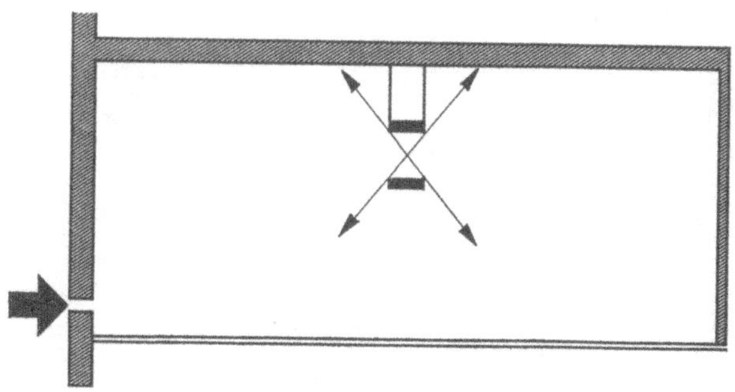

65 Kamin mit zweiseitiger Strahlungsfläche. Frei stehend. Noch günstig. Frischluftzufuhr durch Heizlüfter.

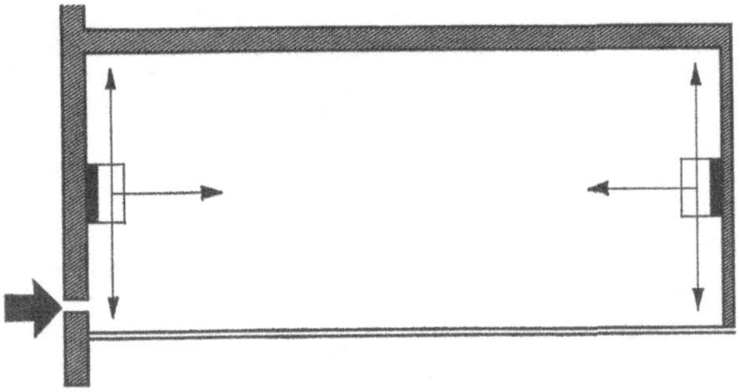

66 Kamin mit dreiseitiger Strahlungsfläche. Wandkamin. An Innenwand günstiger als an Außenwand. Frischluftzufuhr durch Heizlüfter.

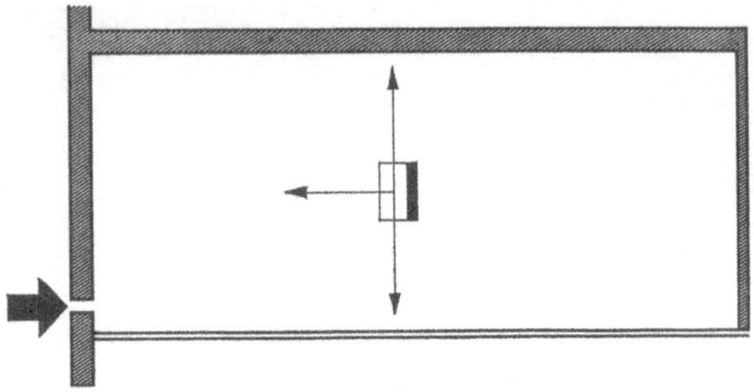

67 Kamin mit dreiseitiger Strahlungsfläche. Frei stehend. Günstig. Frischluftzufuhr durch Heizlüfter.

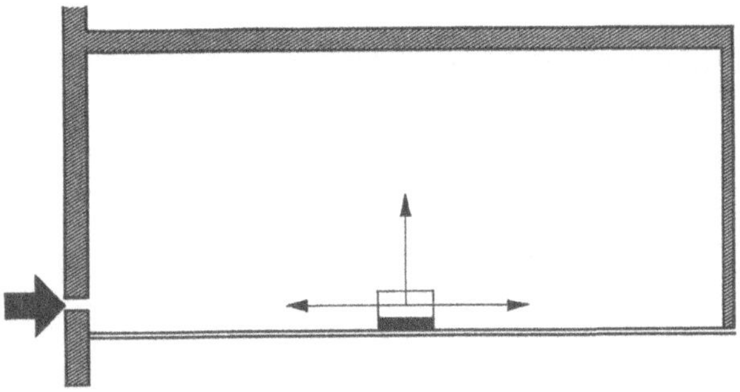

68 Kamin mit dreiseitiger Strahlungsfläche. Freistehend. Noch günstig. Frischluftzufuhr durch Heizlüfter.

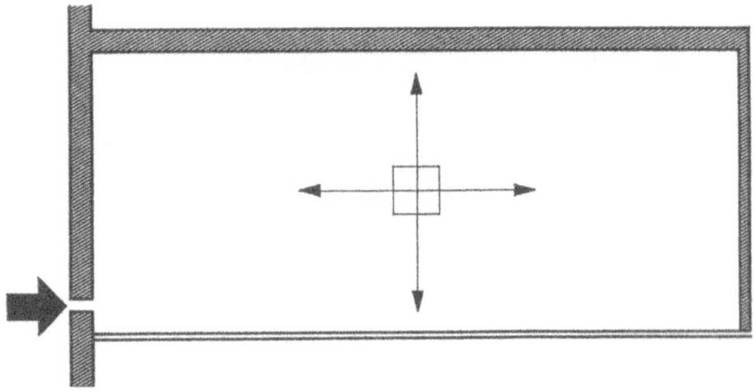

69 Kamin mit allseitiger Strahlungsfläche. Frei stehend. Günstig in Raummitte. Frischluftzufuhr durch Heizlüfter.

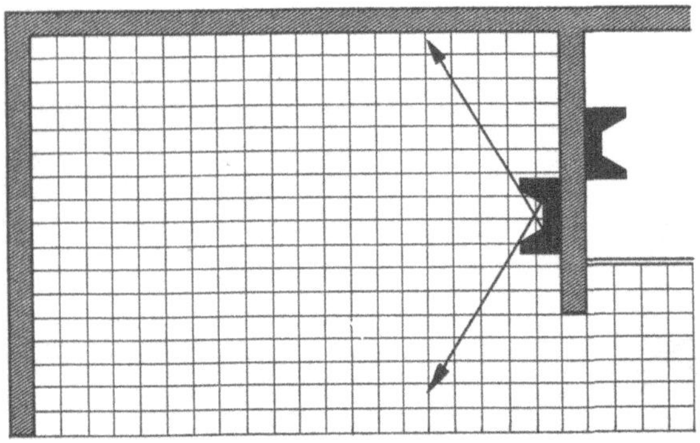

70 Kamin mit einseitiger Strahlungsfläche. Außenkamin. Günstig. Windgeschützter Standort. Auch in Verbindung mit Innenkamin.

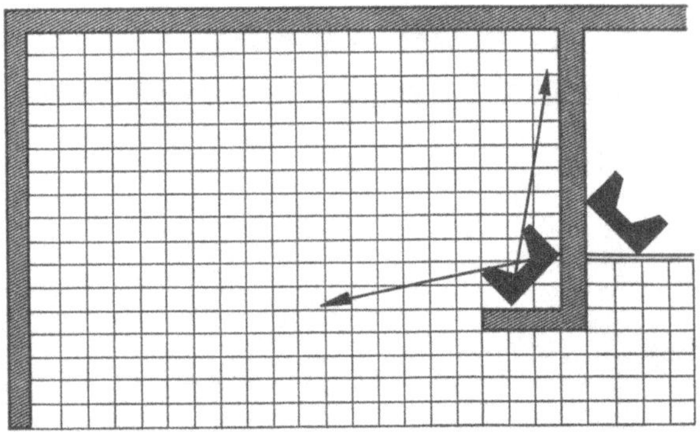

71 Kamin mit einseitiger Strahlungsfläche. Außenkamin. Günstig. Windgeschützter Standort. Gute Ausstrahlung zum überdachten Sitzplatz.

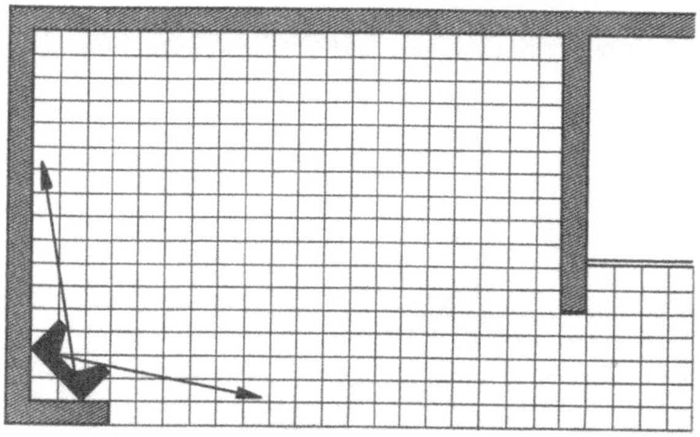

72 Kamin mit einseitiger Strahlungsfläche. Außenkamin. Günstig. Windgeschützter Standort. Gute Ausstrahlung zum überdachten Sitzplatz.

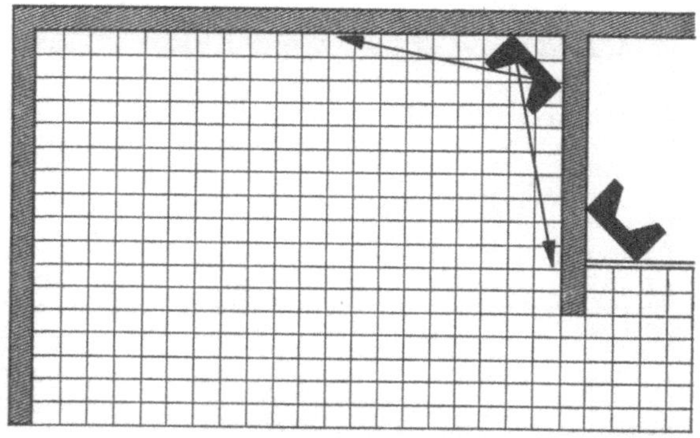

73 Kamin mit einseitiger Strahlungsfläche. Außenkamin. Günstig. Windgeschützter Standort. Gute Ausstrahlung zum überdachten Sitzplatz.

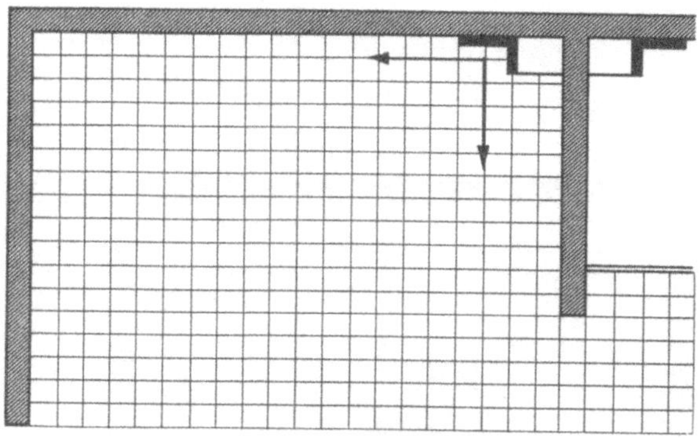

74 Kamin mit zweiseitiger Strahlungsfläche. Außenkamin. Günstig. Windgeschützter Standort. Auch in Verbindung mit Innenkamin.

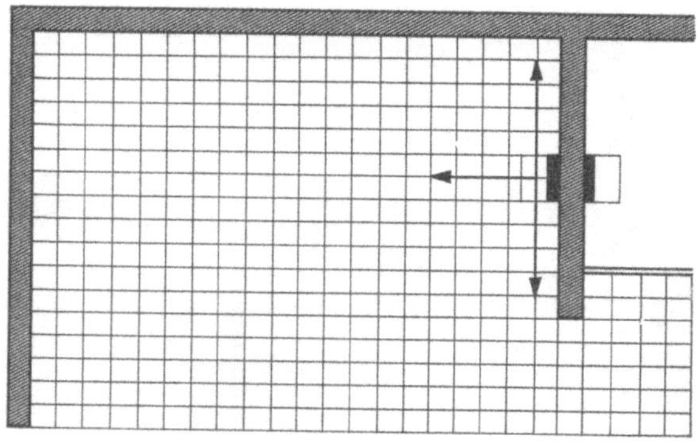

75 Kamin mit dreiseitiger Strahlungsfläche. Außenkamin. Günstig. Windgeschützter Standort. Auch in Verbindung mit Innenkamin.

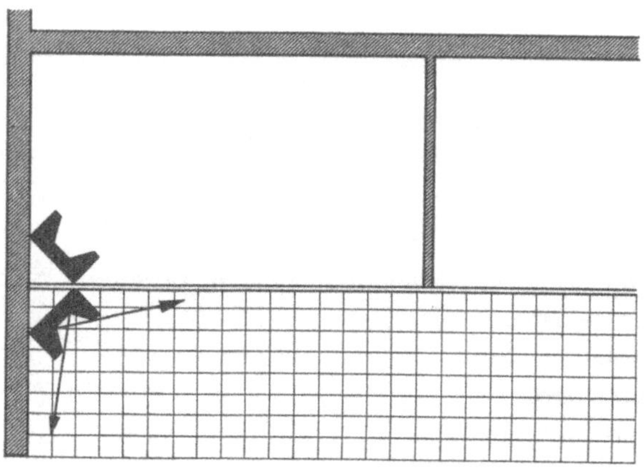

76 Kamin mit einseitiger Strahlungsfläche. Außenkamin. Noch günstig. Windstörungen möglich. Auch in Verbindung mit Innenkamin.

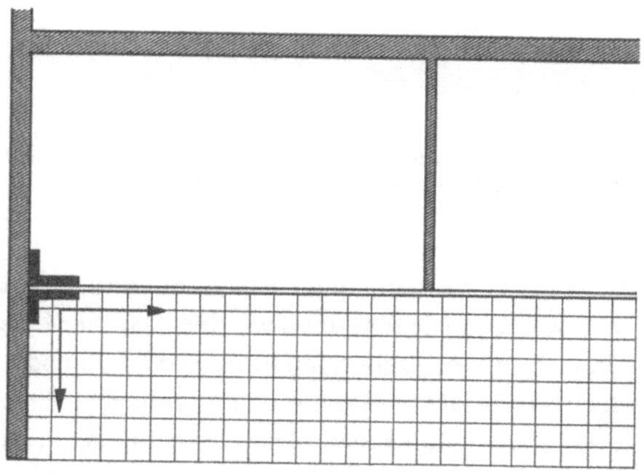

77 Kamin mit zweiseitiger Strahlungsfläche. Außenkamin. Noch günstig. Windstörungen möglich. Auch in Verbindung mit Innenkamin.

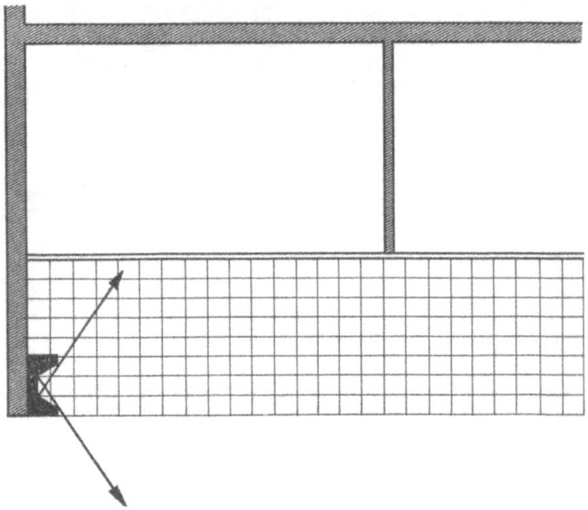

78 Kamin mit einseitiger Strahlungsfläche. Außenkamin. Weniger günstig. Windstörungen möglich.

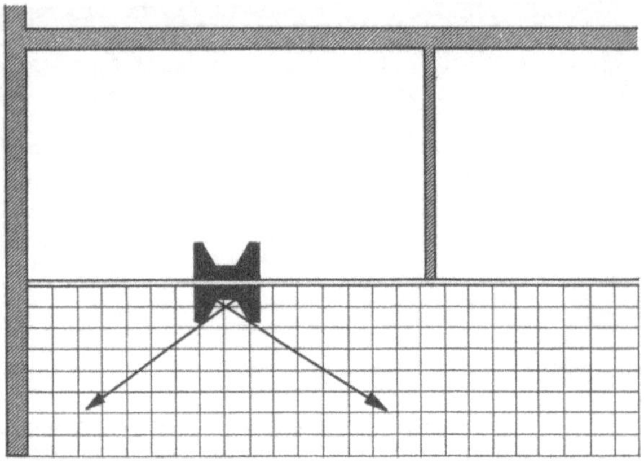

79 Kamin mit einseitiger Strahlungsfläche. Außenkamin. Noch günstig Windstörungen möglich. Auch in Verbindung mit Innenkamin.

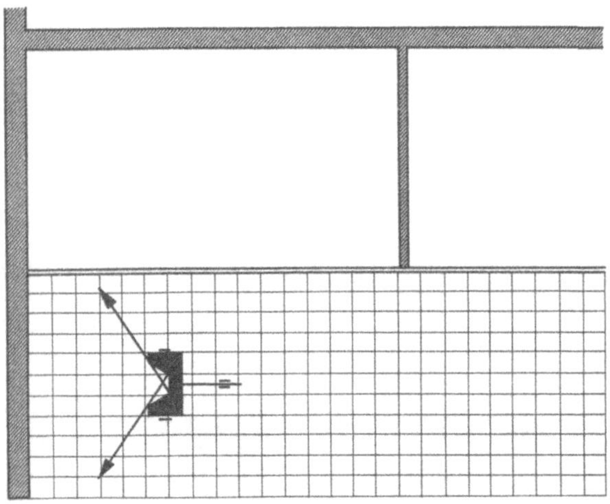

80 Transportabler Gartenkamin. Günstig. Standort vor schützender Wand. Standort sollte sich während des Betriebs verändern lassen.

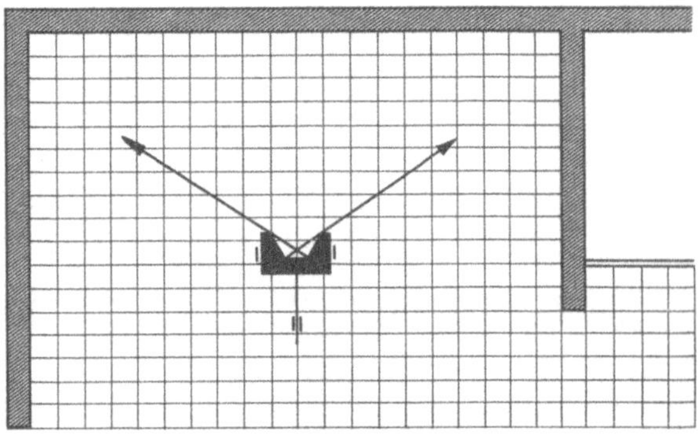

81 Transportabler Gartenkamin. Günstig. Standort vor schützender, überdachter Terrasse.

Standort gestaltungsbezogen

Alle vorstehend genannten Standorte sind lediglich funktionsbezogen ausgewählt und beschrieben worden. Darüber hinaus müssen selbstverständlich in die Überlegungen noch gestalterische Gesichtspunkte einbezogen werden. Man sollte sich jedoch nicht von den formalen Möglichkeiten allein leiten lassen. Der schönste Kamin ist nichts wert, wenn er nicht richtig funktioniert und sich daher nicht oder nur selten in Betrieb nehmen läßt.

82 Wandkamin mit einseitiger Strahlungsfläche. Aus Metall gearbeiteter Einsatz mit Rauchkammer und Verkleidung, die aus dem Mauerwerk heraussteht. Sicherheitsstreifen in Höhe des Feuerbodens. Mauerwerk mit Nische für Holzlege.

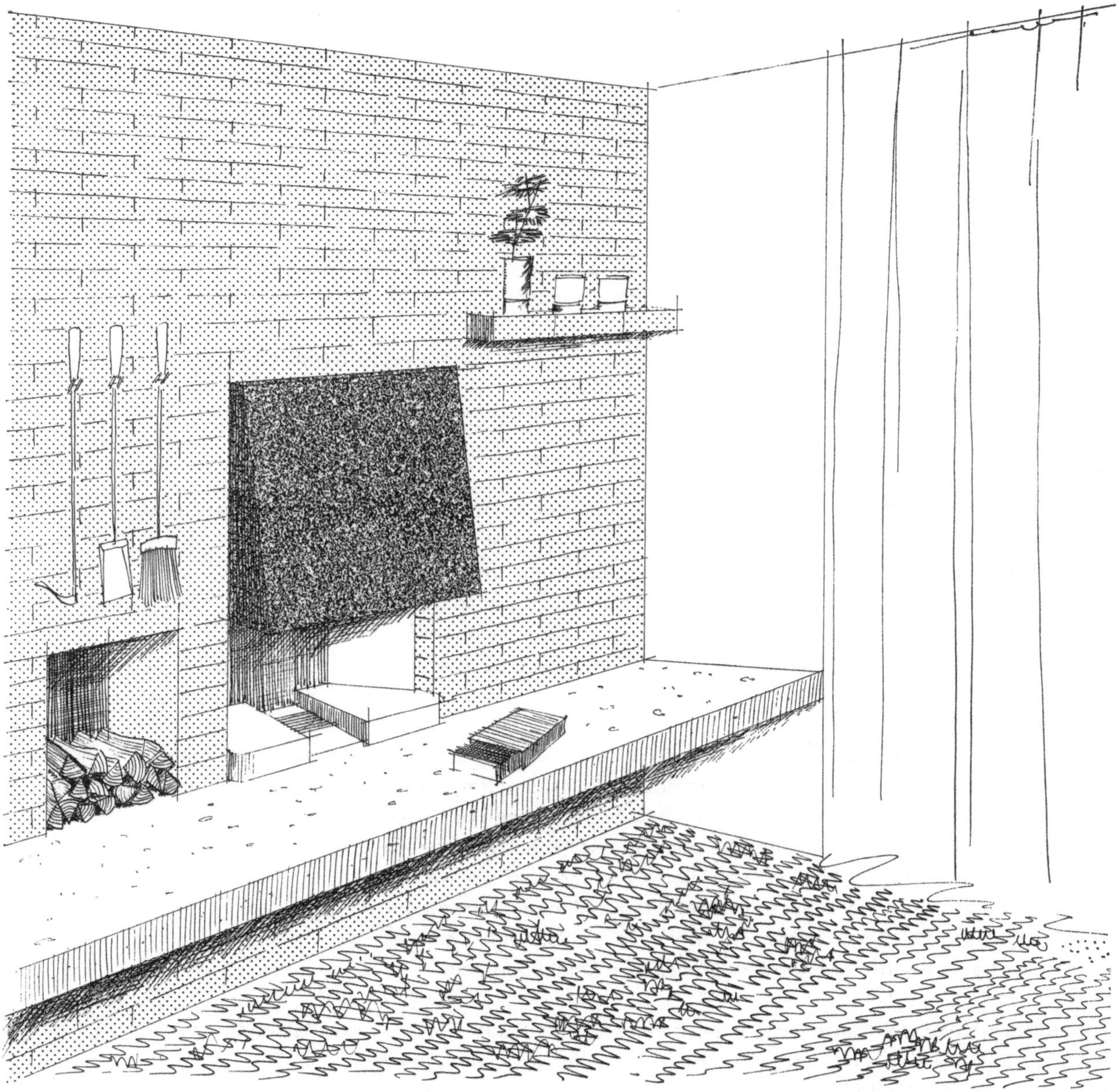

Form und Material

Die Gestaltung von Kaminen bietet dem Architekten einen großen individuellen Spielraum. Dabei geht es vor allem um die Verkleidung des Kamineinsatzes. Die gewählte Form und das verwendete Material bestimmen die optische Wirkung des Kamins; sie muß im Einklang mit der architektonischen Haltung des gesamten Hauses stehen.
Von der Formgebung her unterscheiden wir zwischen Wandkaminen, frei stehenden und kombinierten Kaminen. Die Gliederung des nachfolgenden Bildteils entspricht diesen Unterscheidungsmerkmalen.

Wandkamine

Wandkamine sind fest mit der Wand verbunden, entweder bündig mit der Wand, vorgehängt, eingebunden oder als Kaminblock ausgebildet. Wandkamine sind am häufigsten anzutreffen. Sie können eine einseitige, zweiseitige oder dreiseitige Strahlungsöffnung haben.

Frei stehende Kamine

Von frei stehenden Kaminen wird gesprochen, wenn der Kamin ein frei stehendes, selbständiges Raumelement bildet. Er kann mitten im Raum stehen, aber ebenso auch vor einer Wand, als Außenkamin in der Nähe des Hauses oder an einem windgeschützten Platz. Auch transportable Außenkamine werden zu den frei stehenden Kaminen gezählt. Frei stehende Kamine können eine einseitige, zweiseitige, dreiseitige oder eine offene Strahlungsfläche haben.

Kombinierte Kamine

Von kombinierten Kaminen spricht man dann, wenn zwei oder mehrere Feuerstellen zu einer Einheit zusammengefaßt sind. In der Regel sind sie als kombinierte Innen-Außenkamine ausgebildet, ferner mit Ausstrahlungsmöglichkeit für zwei Bereiche oder Räume, ebenso aber auch kombiniert mit einem Grillkamin. Kombinierte Kamine sind als Kaminwand oder als Kaminblock zusammengefaßt. Kamine mit einseitiger Strahlungsfläche können miteinander, ebenso aber auch mit Kaminen mit zweiseitiger oder dreiseitiger Strahlungsfläche kombiniert sein.

Das Material

Zweifellos bringt der Kamin in jeden Raum einen kräftigen Schuß Romantik. Mit ihm verbinden sich zwangsläufig die Vorstellungen gemütlicher Abende und froher Feste. Die Wirkung wird durch die Auswahl der Baustoffe noch verstärkt. Für die Verkleidung werden rustikal wirkende Baustoffe bevorzugt. Sie betonen zugleich den Standort des Kamins und heben ihn deutlich von seiner Umgebung ab.

Natursteine Besonders beliebt ist die Verwendung von Natursteinen aller Art. Sie können bruchrauh sowie in verschiedenen Oberflächenstrukturen verarbeitet werden. Das Format der Steine oder Platten muß im Maßstab zur Gesamtgestaltung des Raums passen.

Unverputztes Mauerwerk Unverputztes Mauerwerk aus Ziegeln oder Natursteinen ist für Kaminverkleidungen besonders beliebt. Austretender Rauch hinterläßt am Mauerwerk weitaus weniger auffallende Spuren als an verputzten Flächen. Dabei bleibt es gleichgültig, ob der Kamin als freistehendes Element ausgebildet oder in das Mauerwerk der Wand einbezogen wird.

Putz Wer den Kamin in einer verputzten Wand anordnet oder eine verputzte Verkleidung ausführt, muß in Kauf nehmen, daß die Wandfläche über der Strahlungsöffnung von aufsteigenden Rauchgasen angeschwärzt wird. Daher bevorzugt man für verputzte Wandflächen einen rauhen Putz, der hinterher nicht mehr behandelt oder gestrichen wird. Daß der Kamin häufiger in Betrieb und nicht nur eine Attrappe ist, darf man ruhig sehen. Die Häufigkeit der Benutzung des Kamins läßt sich an den geschwärzten Wänden leicht ablesen, allerdings auch das Funktionieren des Kamins. Rauchgase sollten höchstens beim Anzünden des Kaminfeuers an der Verkleidung aufsteigen dürfen, aber auch das läßt sich beim Anfachen des Feuers vermeiden.
Ansonsten sind angeschwärzte Wände über der Strahlungsöffnung eine ganz natürliche Folge des Kaminfeuers. Diese Patina sollte man belassen und nicht mit Reinigungsmitteln wegzuwischen versuchen.

Metall Auch Metalle sind für Kaminverkleidungen beliebt. Das einfachste Material und eigentlich immer noch das schönste ist Schwarzblech. Mit diesem Material löst sich die Frage, ob man die Spuren des Kaminfeuers an der Verkleidung belassen soll, ganz von selbst. Sie stören nicht.
Selbstverständlich kann man für die Verkleidung auch andere Metalle wie Messing, Kupfer, Chromnickelstahl oder Leichtmetalle wählen. Jedoch gilt hier gleichfalls das Gesagte. Rußspuren des Kaminfeuers an Messing und Chromnickelstahl lassen sich beseitigen.

Sichtbeton Ebenso wie rauh verputztes Mauerwerk hat Sichtbeton einen rustikalen Charakter. Spuren des Kaminfeuers stören in der Regel nicht und sollten belassen werden. Sichtbeton verwendet man vor allem dann, wenn man die Flächen unbehandelt sehen und auch nachher keine Veränderungen oder Nacharbeiten vornehmen will.

83 Frei stehender Kamin mit allseitiger Strahlungsfläche. Rauchabzugshaube aus Metall über offenem Kaminfeuer. Kamin mit tiefergelegter Sitzgruppe im Raum. Der Kamin ist Mittelpunkt des Raums, was durch die Gestaltung noch betont wird.

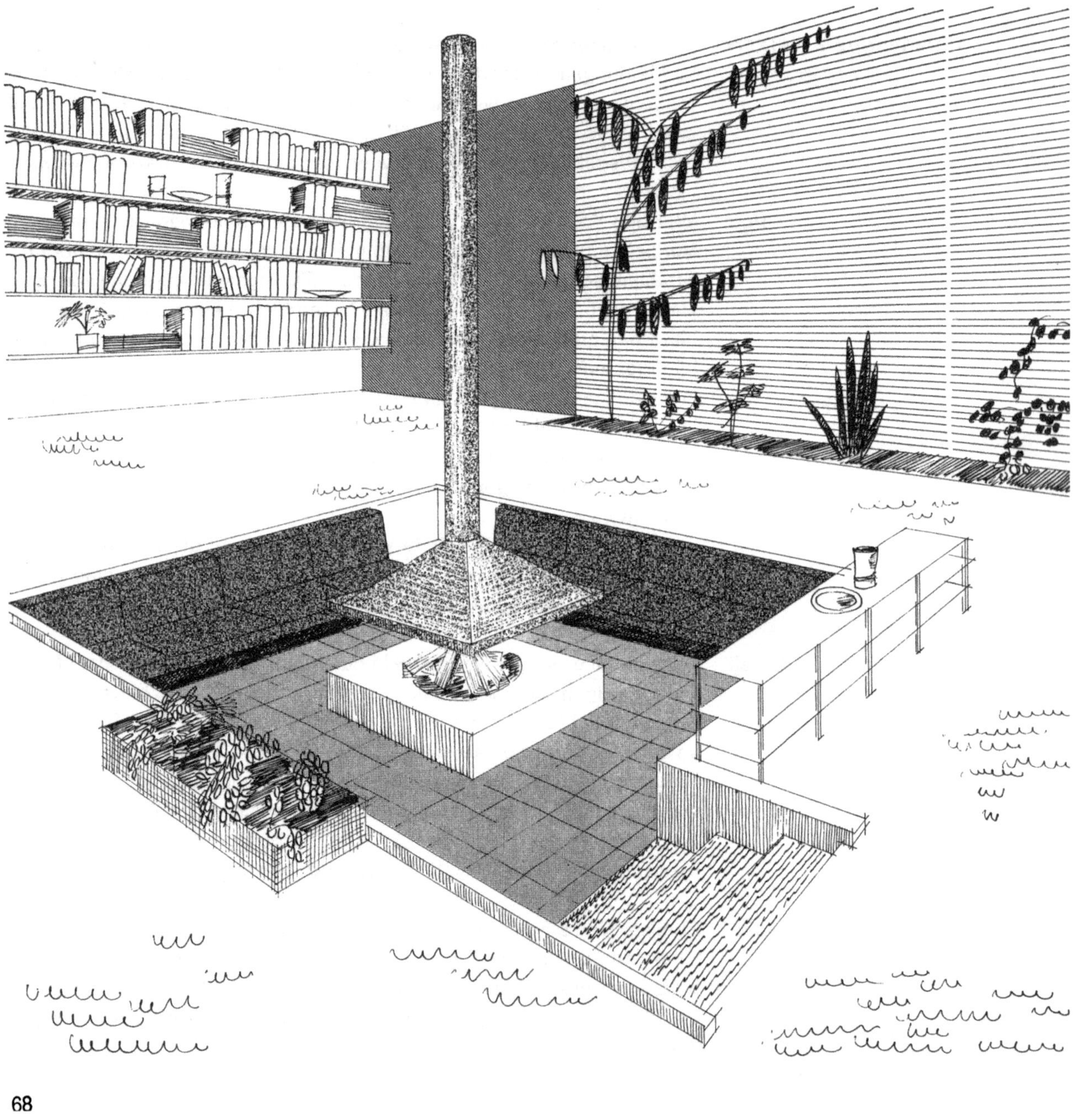

84 Kombinierter Kamin als Kaminblock. Verkleidung aus Natursteinen. Links Kamin, rechts Grillkamin. Sicherheitsstreifen in bedienungstechnisch günstiger Höhe, der vor allem für den Grillkamin vorteilhafte Ablagemöglichkeiten bietet.

Herstellerverzeichnis
Nachfolgend werden die Anschriften der Firmen genannt, die in der Fertigkamin-Übersicht (Seite 33 ff.) mit ihrer Produktion vertreten sind. In Klammern sind die Markennamen angegeben, unter denen die Erzeugnisse im Handel sind. Aufgeführt sind nur solche Firmen, die die Beteiligung gewünscht haben.

Baukotherm – Baufertigteile
Brügger Ch. 55, 2352 Bordesholm-Wattenbek
(Snackfüer, Morsø)

Bellfires, Jakob Terpstra KG
Voisweg 4, 4030 Ratingen
(Bell, Delft)

A. Honegger, Cheminéebau
Wagnergasse 6, CH 8032 Zürich/Schweiz
(Norm-Cheminée-Feuerraum AHZ, Luno-Warmluft-Feuerraum AHZ)

Kabe-Werk Betonfertigteile GmbH
Lämmerspieler Straße 106, 6052 Mühlheim am Main
(Kabe)

Günter Lünstroth
Offene Kamine
Bockhorster Landweg, 4804 Versmold
(Lünstroth, Dovre, Donbar)

Openfire, Vertriebsgesellschaft mbH
Industriestraße 1–3, 6075 Offenthal
(Openfire)

Haus der Kamin-Technik
Henniges & Holzheuer
Ortsteil Lautenthal, 3394 Langelsheim 2
(Superfire/Heartfire)

Sport-Bau Grünewalt
Rummelstraße 15, 6750 Kaiserslautern
(Kockums)

Fotonachweis
(Die Zahlen geben die Seitenziffer, die eingeklammerten Zahlen – bei mehr als einem Bild – die Anzahl der Bilder auf der betreffenden Seite an.)
Th. Andresen, Farum/Dänemark: 76, 93, 94, 100, 108, 114, 117, 118, 126, 129; Reiner Blunck, Tübingen: 100, 132; Ernst Deyhle, Stuttgart: 77, 78, 80, 100, 128; Ernst Deyhle-Bavaria: 99; J. Gauss, Stuttgart: 132, 133; Ruth Hallensleben-Bavaria: 75; Leonore Mau, Hamburg: 97; Klaus Meier-Ude, Frankfurt: 79, 127; Sigrid Neubert, München: 88, 89, 98, 115, 122, 126; Orgel-Köhne, Berlin: 85, 107; Gottfried Planck, Stuttgart: 105, 122; Hedda Reidt, Irsee: 102; Charlotte Rohrbach, Berlin: 84; Theo Schafgans, Bonn: 81; E. Thomas, Düsseldorf: 101; Friedhelm Thomas-Bavaria: 103, 110, 113, 124, 126; Friedhelm Thomas-Intagfoto: 81, 82 (2), 83, 86, 90, 91, 92 (2), 95, 96, 112 (2), 125, 132, 134; K. u. H. Toelle, München: 134; Ludwig Windstosser, Stuttgart: 104; Wolfgang Zwietasch, Kornwestheim: 87, 119, 120.
Werkfotos stellten freundlicherweise folgende Firmen zur Verfügung:
Bellfires, Ratingen: 93, 116 (2); Kockums: 108; Rüegg, Zumikon: Titelfoto, 94, 106, 109, 118, 123, 129, 131, 135.

Ausführungsbeispiele

Wandkamine
Freistehende Kamine
Kombinierte Kamine

Wandkamine

Dieser Troja-Kamin von Joist de la Court aus dem Jahr 1578 macht deutlich, daß bei allem Repräsentationsaufwand die Feueröffnung sehr klein gehalten wurde. Bei hoher Strahlungswärme hat ein Kamin mit kleiner Feueröffnung nur wenig Heizmaterial- und Frischluftbedarf. Schloß Hugenpoet bei Düsseldorf

Linke Seite: Wandkamin in Außenmauer, zwischen überdachtem Sitzplatz und Wohnraum angeordnet. Die Rauchklappe wird durch eine Kette außerhalb der Feuerstelle bedient.
Oben: Wandkamin mit optisch großer Feuerraumöffnung, jedoch günstiger Reduzierung der Feuerstellenbreite. Bedienung der Rauchklappe durch Gestänge innerhalb der Feuerstelle.

Oben: Wandkamin mit großer Strahlungsöffnung in Natursteinwand. Der Sicherheitsstreifen vor der Feuerstelle wurde in die Sitzbank aus Werkstein einbezogen.
Rechte Seite: Wandkamin in Natursteinwand. Sicherheitsstreifen als Sitzkonsole ausgebildet. Strahlungstechnisch günstige Höhe der Feuerungsöffnung, darunter Platz für Holzvorrat. Arch.: Ludwig Leeser, Frankfurt.

Linke Seite: verputzter Wandkamin, erhöhte Feuerstelle, Feuerböcke. Platz für Holzvorrat in Wandnische.
Oben: Wandkamin mit überdimensionierter Strahlungsfläche in Klinkerwand. Arch.: Hans Ostendorf, Münster.
Links: Kamin in verputzter Wand, Keramikverkleidung seitlich verlängert. Feueröffnung in strahlungstechnisch günstiger Höhe.

Linke Seite oben: Feuerraum und Holzlege durch Natursteinverkleidung zusammengefaßt. Arch.: Hans Ostendorf, Münster.
Linke Seite unten: Wandkamin aus Sichtbeton, Feuersockel aus Stahl. Arch.: Harald Deilmann.
Oben: Wandkamin aus Sichtbeton, Feuerboden aus senkrecht gestellten Klinkern. Arch.: Harald Deilmann.

Kamin mit Holzlege aus handgestrichenen Klinkern und Waschbeton, Rauchabzug verputzt. Durch Verwendung des gleichen Steinmaterials wird der Kamin optisch mit der Wand verbunden. Die weiße Putzfläche gibt dazu den Kontrast. Arch.: Müller-Menkens, Bremen.

Dieser Wandkamin wurde unter Verwendung eines vorgefertigten Kamineinsatzes (Openfire, Offenthal/Hessen) errichtet. Wandputz mit rauhem Kellenwurf. Ablagen für Feuerholz und Kamingerät.

Wandkamin mit deckenhoher Verkleidung aus großformatigen Schieferplatten zwischen geschlemmten Wangenmauern. Feuerrost. Rauchsims aus Metall, das die Verschmutzung der Wand durch austretende Rauchgase verhindern soll. Arch.: Friedrich Kohlmann.

Wandkamin mit Aschenfall in Aschenlade, Sitzbank aus Kunststein in Höhe des Feuerbodens. Die Verwendung eines lebhaft strukturierten Materials für die Kaminwand läßt den Kamin größer erscheinen, als bei den geringen Ausmaßen des Feuerraums zu erwarten wäre.

Wandkamin mit dreiseitiger Strahlungsfläche. Vorgehängte Rauchkammer aus Metall. Arch.: Peter Eggensdorfer, München. Durch das Vorziehen von Feuerrost und Rauchkammer vor die Wand und durch die Verwendung von Metall erhält der Kamin den Charakter eines „Möbels" anstatt eines Bauteils.

Wandkamin mit einseitiger Strahlungsfläche. Verkleidung der Rauchkammer mit Metallschürze. Der Kamin bildet gewissermaßen das Gelenk zwischen den beiden im Winkel aneinanderstoßenden Räumen. Für die Bildung einer ruhigen Sitzecke ist seine Lage allerdings nicht besonders günstig.

Eckkamin mit zweiseitiger Strahlungsfläche. Metallverkleidung der Rauchkammer. Arch.: Alex Huber, Lugano. Die Bedienung des Kamins wird durch den auf Tischhöhe gebrachten Feuerboden bequem gemacht.

Wandkamin mit Feuerraum aus Klinkern, Aschenfall in Aschenlade, Rauchklappe durch Drehknopf zu bedienen. Arch.: Helmut Farwick.

Linke Seite oben: großer Wandkamin in eigener Wandnische, dreiseitige Strahlungsfläche. Frischluftzufuhr neben dem Kamin. Arch.: Peppo Brivio.
Linke Seite unten: Wandkamin aus Sichtbeton, daneben Holzlege in gemauerter Wandnische. Arch.: Harald Deilmann.
Oben links: Fertigkamin aus Schamotteeinsatz und Verkleidung aus Chromnickelstahl (Bellfires).
Oben rechts: gemauerter Kamin mit zweiseitiger Strahlungsfläche. Rauchklappe mit Bedienungsgestänge. Griff außerhalb der Feuerstelle.

Oben: Kamin und Kaminrückwand mit Klinkerplatten verkleidet, Rauchschürze aus weiß gestrichenem Sichtbeton (Walter Rüegg, Zumikon).
Rechts: kleiner gemauerter Wandkamin in der Ecke eines Hobbyraums.
Rechte Seite: Wandkamin in betont rustikaler Gestaltung mit dreiseitiger Strahlungsfläche. Rauchkammer aus Stahlblech. Arch.: Reinhard Gieselmann.

Links: Kamin mit einseitiger Strahlungsfläche. Vorgehängte Rauchschürze aus Stahlblech. Ein Sockel von etwa 40 cm Höhe erleichtert die Bedienung. Arch.: Joachim Schürmann.
Oben: Kamin mit zweiseitiger Strahlungsfläche. Rückwand und halbhohe Seitenwand gemauert, Rauchschürze aus Beton. Atelier Blomstedt, Tapiola.

Oben: gemauerter Wandkamin. Feuerboden in Tischhöhe. Geschmiedeter Feuerkorb.
Rechts: geschickte Anordnung eines Eckkamins, geneigte Rückwand, überdimensionierte Strahlungsfläche. Arch.: Helmut Hentrich.

Oben: Kamin mit zweiseitiger Strahlungsfläche; auskragender Feuerboden, metallverkleidete Rauchschürze. Arch.: Marcel Thoenen, Zürich.

Linke Seite: der Kamin hat im Eigenheim nicht nur seinen festen Platz, oft sogar ein eigenes Zimmer. Hier einige Kaminzimmer.
Oben: Kaminzimmer im Keller. Rauchschürze des gemauerten Kamins aus schwarzem Stahlblech.
Unten links: Kamin mit Feuerboden aus schräggestellten Klinkern, Strahlungsöffnung in günstiger Höhe, Holzlege in Mauernische. Arch.: Ilmari Tapiaawara.
Unten rechts: gemauerter Wandkamin mit Rauchschürze aus Stahlblech.

Oben: Kamin mit dreiseitiger Strahlungsfläche; Feuerboden – aus Klinkern gemauert – als Konsole ausgebildet, vorgehängte Rauchschürze aus schwarzem Stahlblech.
Rechte Seite: Kamin mit zweiseitiger Strahlungsfläche, vorgehängte Rauchschürze aus Kupferblech als Warmluftkammer, seitlicher Rauchabzug mit Rauchklappe. Verkleinerung der Strahlungsöffnung durch feuerfestes Glas. Arch.: Harald Deilmann.

Kamin mit dreiseitiger Strahlungsfläche; gemauerte Rückwand mit in Nische eingebauter Hausbar; vorgehängte Rauchschürze aus Metall. Arch.: Max Bächer.

Kamin mit dreiseitiger Strahlungsfläche. Rückwand als geschlemmte Mauer plastisch gegliedert, vorgehängte Rauchschürze aus Metall. Arch.: Max Bächer.

Kamin mit zweiseitiger Strahlungsfläche, links durch halbhohen Wandvorsprung teilweise eingeschränkt. Tischhoher Feuerboden, metallverkleidete Rauchabzugshaube (Walter Rüegg, Zumikon).

Kamin mit kurzer Rauchschürze aus Metall vor einer breiten, den Rauchgasschornstein aufnehmenden Mauerwerksvorlage. In der Wirkungsweise wie ein Kamin mit einseitiger Strahlungsfläche. Arch.: Hendel und Haseloff.

Zwei Fertigkamine aus Gußstahl. Links Kockums-Kamin mit perforierten Türen als Funkenschutz von Sigurd Persson; rechts Tasso-Kaminofen. Arch.: Hoff und Windige, Kopenhagen.

Kamin mit dreiseitiger Strahlungsfläche, auf einer Seite durch Holzlege reduziert. Kaminsockel aus Waschbeton, Rauchschürze aus schwarzem Stahlblech (Walter Rüegg, Zumikon).

Außenkamin mit zweiseitiger Strahlungsfläche auf der überdachten Terrasse eines Hauses. Die Anlage ist wie ein Kaminzimmer im Freien gestaltet. Auch bei schlechtem Wetter bietet sich damit ein angenehmer Aufenthalt in der frischen Luft. Arch.: Ernst Brantschen, St. Gallen.

Frei stehende Kamine

Links: frei stehender Kamin aus Stahlblech, auch als Grillkamin gut geeignet. Arch.: M. C. von Hausen und O. Rawe.
Rechts: frei stehender Kamin aus Stahlblech, rund. Arch.: Ico und Luisa Parisi. Auch dieser Kamin kann gut zum Grillen verwendet werden.
Rechte Seite: frei stehender Kamin in einer Wohnung mit flach gewölbten Tonnen als Decke. Frischluftzufuhr durch Warmluftheizung. Atelier 5, Bern.

Linke Seite: frei stehender Außenkamin aus Ziegelmauerwerk mit einseitiger Strahlungsfläche zum überdachten Sitzplatz. Die Benutzer sitzen mit dem Rücken gegen die schützende Hauswand.
Oben: Außenkamin aus geschlemmtem Ziegelmauerwerk an der Stirnseite einer überdachten Terrasse. Einseitige Strahlungsfläche zum Sitzplatz. Große wettergeschützte Holzlege.

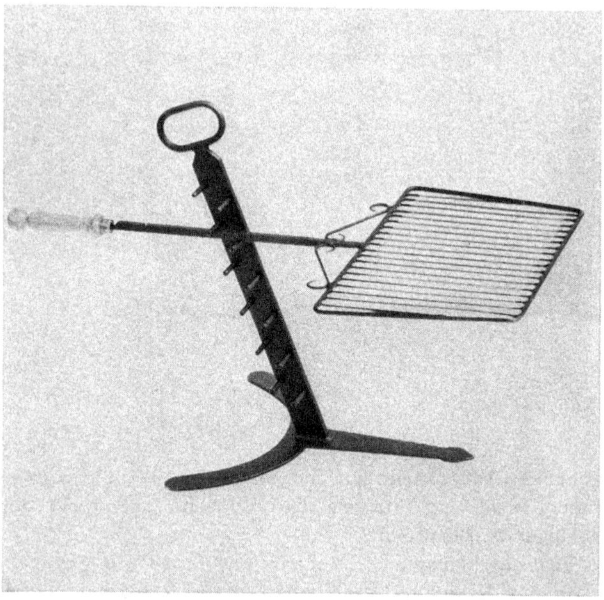

Oben: Zubehör für das Kaminfeuer und zum Grillen.
Unten: Grillbock mit verstellbarem Grillrost. Der Grillbock läßt sich an jedem Kamin verwenden.
Rechte Seite: frei stehender Außenkamin aus Mauerwerk an einer Gartenmauer, einseitige Strahlungsöffnung.

Links: frei hängende Rauchschürze aus Metall in einem norwegischen Landhaus. Der Feuerboden ist aus lose geschichteten Natursteinen gebildet.
Rechts: frei hängende Rauchschürze aus Metall, Holzlege unter dem bockartigen Feuerboden, der als Steinbank weitergeführt ist (Walter Rüegg, Zumikon).

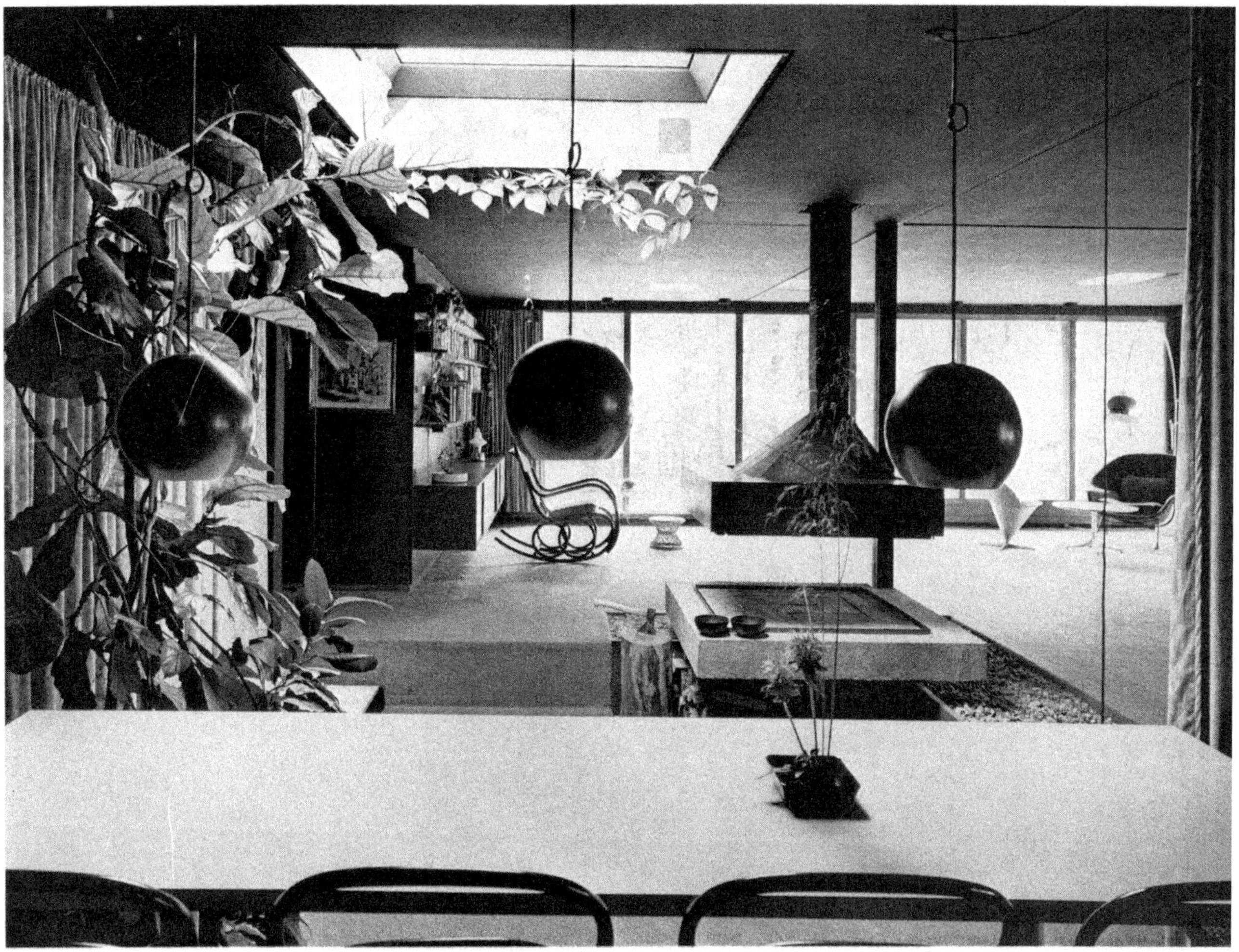

Frei hängende Rauchschürze aus Metall. Sicherheitsstreifen rund um die Feuerstelle aus einer losen Kiesschüttung. Die Konstruktion bietet die Möglichkeit, die Strahlungsfläche durch Verkleidungsbleche zu verkleinern. Mit Hauklotz und Beil können die Scheite je nach Bedarf zugerichtet werden.

Oben: frei stehender gemauerter Kamin mit zweiseitiger Strahlungsfläche; bis über den Sicherheitsstreifen auskragende Rauchabzugshaube aus Metall.
Unten: frei hängende Rauchabzugshaube aus Metall. Feuerstelle auf Mauerwerk. Arch.: Klaus Doerr.
Rechte Seite: frei stehender Kamin im Haus eines Geologen. Im Kaminblock sind Gesteinsfunde eingelassen. Feuerstelle aus Stahlblech. Arch.: K. Doerr.

Linke Seite oben: frei hängende Rauchabzugshaube. Offene Strahlungsfläche mit Funkenschutzvorhang aus Metallketten.
Linke Seite unten: frei stehender Kamin mit zweiseitiger Strahlungsfläche; geschlemmtes Ziegelmauerwerk. Arch.: Heinz Rall.
Oben: frei stehender Kamin mit zweiseitiger Strahlungsfläche; Haube und Abzugsrohr aus Kupferblech, Funkenschutzvorhang (Walter Rüegg, Zumikon).

Linke Seite: frei stehender Kamin mit einseitiger Strahlungsfläche, in Möbelwand eingebunden. Man vermißt einen Ort zum Aufbewahren des Brennmaterials. Arch.: Stephan Legge und Ursula Legge-Suwelack.
Oben: frei stehender, an eine tragende Stütze angelehnter Kamin mit funktionell gegliedertem Mauerwerk. Abdeckplatte aus Beton. Arch.: Dolf Schnebli.

Oben links: Kamin aus Stahlblech mit flexiblem Abzugsrohr, leicht verstellbar. Arch.: Ico Parisi, Como.
Unten links: frei stehender Außenkamin aus Stahlblech, am Pergolagerüst aufgehängt. Drosselklappe im Rauchabzugsrohr. Holzlege unter dem Feuerboden aus Beton.
Oben: frei stehender Kamin aus Ziegelmauerwerk in einem modernen Bungalow; rundes Rauchgasrohr.
Rechte Seite: frei stehender runder Kamin, mit Keramikformteilen verkleidet.

Oben: frei hängende Rauchschürze aus schwarzem Stahlblech in Wandnische; Rauchschürze auf Mauerkonsole abgestützt. Arch.: Kammerer und Belz.
Rechte Seite: Frei stehender Kamin mit geteilter Feuerstelle. Die zweiseitige Strahlungsfläche ist dadurch günstig reduziert worden. Der Kamin hat eine weit auskragende Rauchschürze aus Kupferblech (Walter Rüegg, Zumikon).

Kombinierte Kamine

Kombinierter Grillkamin an einer überdachten Terrasse. Links: Kamin für Holzfeuer mit Aschenfall und Aschenlade, rechts: Grillkamin mit verstell- und schwenkbarem Grillrost. Haube aus Kupferblech (Walter Rüegg, Zumikon).

Oben links: kombinierter Außen-Innen-Kamin, Innenansicht. Vorkragender Feuerboden aus Beton, Rauchschürze aus Kupferblech. Arch.: Harald Deilmann.
Unten links: kombinierter Außen-Innen-Kamin mit zwei runden Rauchgasschornsteinen über Dach.
Oben rechts und rechte Seite: kombinierter Außen-Innen-Kamin, innen mit einseitiger, außen mit zweiseitiger Strahlungsfläche. Arch.: J. M. Lambrecht.

Oben: kombinierter Außen-Innen-Kamin aus Sichtbeton, gestrichen. Holzlege unter dem vorgezogenen Feuerboden. Arch.: Metarbeihn.
Rechts: kombinierter Außen-Innen-Kamin in der großflächig verglasten Fensterwand.

Alcafire-Heizung der Firma Walter Rüegg, Zumikon, eingebaut in einem Ferienhaus. Bei der Alcafire-Heizung handelt es sich um eine Ölheizung mit sichtbarer Brennkammer, die entweder als Luft- oder als Warmwasserheizung ausgebildet sein kann. Die Brennkammer ist dabei mit einer Scheibe aus feuerfestem Glas hermetisch abgeschlossen. In der gleichen Brennkammer kann man auch ein Kaminfeuer entfachen. Zu diesem Zweck wird lediglich die Scheibe entfernt und der Ölbrenner abgedeckt.

GPSR Compliance

The European Union's (EU) General Product Safety Regulation (GPSR) is a set of rules that requires consumer products to be safe and our obligations to ensure this.

If you have any concerns about our products, you can contact us on ProductSafety@springernature.com

In case Publisher is established outside the EU, the EU authorized representative is:

Springer Nature Customer Service Center GmbH
Europaplatz 3
69115 Heidelberg, Germany

Batch number: 10578399

Printed by Printforce, the Netherlands